园林快题解析

卓越手绘考研 **30** 天

卓越手绘考研快题研究中心 **编 著**

蒋柯夫　蒋文杰　张文茜　杜 健　吕律谱 **主 编**

张家骏　王星宇 **副主编**

中国建筑工业出版社

内容简介

全书分为 6 章。第 1 章风景园林快题设计概述，介绍快题设计目的、意义及特点；第 2 章风景园林快题设计解读，针对考核内容进行解析以及快题应试方法、技巧的介绍。第 3 章风景园林快题设计内容，详细介绍在快题设计中所要绘制图纸的制图规范以及常见绘制方法；第 4 章真题评析，针对各高校考研真题以及设计方案实例进行分类评析，并列举本机构学生中较优秀作品进行点评；第 5 章鸟瞰图、节点效果图参考；第 6 章快题赏析；最后附录收录了常见植物拉丁名及景观名词中英对照。

同时，本书中收集整理了不同类型绿地设计的相关技术规范，对风景园林从业者亦会有所帮助。

图书在版编目（CIP）数据

风景园林快题解析 / 蒋柯夫等主编.—北京：中国建筑工业出版社，2015.2
（卓越手绘考研30天）
ISBN 978-7-112-17691-5

Ⅰ.①风…　Ⅱ.①蒋…　Ⅲ.①园林设计—研究生—入学考试—题解　Ⅳ.①TU986.2－44

中国版本图书馆CIP数据核字（2015）第018893号

责任编辑：赵晓菲　周方圆
责任校对：李美娜　刘　钰

卓 越 手 绘 考 研 30 天
风景园林快题解析

卓越手绘考研快题研究中心　编 著

蒋柯夫　蒋文杰　张文茜　杜　健　吕律谱　主编

张家骏　王星宇　副主编

*

中国建筑工业出版社出版、发行（北京西郊百万庄）
各地新华书店、建筑书店经销
北京美光设计制版有限公司制版
北京盛通印刷股份有限公司印刷

*

开本：880×1230毫米　1/16　印张：12　字数：309　千字
2015年4月第一版　　2015年4月第一次印刷
定价：75.00元
ISBN 978-7-112-17691-5
（26990）

快题设计，即在规定时间内，针对任务书要求，完成一套相对完整并能清晰反映设计者思路的方案图纸。现广泛用于研究生入学考试、单位入职考试以及相关专业类职业资格考试，成为选拔相关人才的重要手段，于是不可避免地出现为了应试生搬硬套、设计思维僵化、重表现轻设计等不良倾向。虽然快题设计考试要求在不断变化，设计面积由小及大再变小、现状条件逐渐复杂、设计要求不断提高、取消上色、加重平面图分值等。但快题评判的特殊性（即在短时间内评阅大量试卷）以及评阅者的主观倾向，又要求考生在制图表现、平面构图以及排版上具有一定吸引力、并迎合评阅者喜好，才能在众多作品中脱颖而出。因此，快题设计的特质决定其既非纯粹的"设计"，也不是单纯的"应试"。

笔者认为，快题考试的出发点仍然是检验考生的设计基础以及解决设计场地常见问题的能力，快题的本质还是落在了设计上。快速完成一个合格的设计方案，需要准备的训练有很多。最重要的内容，即需要考生学会融会贯通，针对常见的固定问题，结合多种已经成熟的常规解答举一反三，在大脑中对同时浮现的可能性做综合考虑，最后选择出相对合理的解答方式。在此基础上，再来迎合"应试"，达到设计与表达的平衡。

全书为6章。第1章至第3章，主要介绍风景园林快题设计目的、意义及特点，常见制图规范以及绘制方法等常见问题解答；第4章真题评析，针对各高校考研真题进行分类评析，并列举本机构学生中较优秀作品进行点评；第5章及第6章为优秀作品集中赏析；最后在附录部分收录了常见植物拉丁名及景观名词中英对照，供广大学子参考。

需要指出的是，本书所展示的快题作品，基本都是限时完成的应届考试学生作品，因此不管是在设计还是表达，都还有稚拙的地方，希望广大读者能带着批判的态度进行吸收，不要一味地死套模板，反而被本书的大量案例参考束缚住了思考的广度。同时，也由于笔者本人水平之有限，在许多学术问题上的思考可能还有不尽全面之处，还望广大读者批评指正。

最后，本书所列举的所有快题仅仅是我们过去研究培训的成果。时代在进步，快题考试的要求和我们的自我要求也在逐年提升，相信在不久的未来，这本书的所谓优秀范例也会"作古"。不断地追求卓越是我们的目标和自我鞭策，也是本书存在的初衷，在此与广大考生和风景园林同行，共勉！

卓越手绘考研快题研究中心

目录 Contents

第 1 章

风景园林
快题设计概述

→ 1.1 快题设计目的及意义

快题设计是指在特定的时间内，针对任务书的要求完成一套相对完整的，并能清晰准确反映设计者主要思路的方案图纸。从而考核设计者对于风景园林专业的基础认知，以及对于景观方案的分析、设计、表达等综合能力。其广泛运用于研究生入学考试、单位入职考试，以及相关专业类职业资格考试。

→ 1.2 快题设计的特点

（1）快速、清晰、准确

快题设计要求设计者在规定时间内能够快速、清晰、准确地表达自己的设计想法，完成自己的设计内容。由于时间紧促，设计者若不是在十分有把握的情况下尽量选择自己熟悉的设计思路与绘图方法，盲目尝试采取不常规或自己不熟悉的设计思路与绘图方法，风险较大。

（2）总结、概括、表达

平时练习过程中除了积累素材，还应该对自己做过的方案加以总结归纳，可以适当做笔记方便平时翻看。与此同时，也要提高自己的方案表达能力和文字表达能力，加强自身的概括表达能力。

（3）重积累，轻创意

考试过程中最重要的并非是考场上灵光一现的创意设计与表达，出题者的出题意图主要还是通过快题设计来考察一个设计者的设计素养和基本功底。所以在平时练习过程中需要多加练习，做到不同类型的场地设计都可以得心应手，积累丰富的经验，以不变应之万变。

→ 1.3 考生能力要求

（1）分析能力

分析、整合任务书要求，场地信息的准确提取和分析。

（2）设计能力

快速、准确地抓住场地的主要问题，并找到最优的设计思路。

（3）概括能力

快题设计注重长期的积累，以及对常见设计方法的总结概括。

（4）表达能力

通过清晰、准确、专业的表达手段表达出设计方案。

→ 1.4 高分快题评判要求

（1）图纸完整，严格按照题干图纸要求。

（2）制图规范准确。

（3）设计切合题意、定位准确。

（4）主题明确、结构清晰。

（5）符合场地要求、交通合理、空间丰富。

（6）图纸表现、排版合理。

第 2 章

风景园林
快题设计解读

→ 2.1 考核内容解析

风景园林的快题设计不仅需要平日里积累大量素材，也需要设计者能够将自己掌握的知识融会贯通，做到活学活用。快题设计考察的是被考察者的基本设计能力，所以在考试短时间内不一定需要我们的设计推陈出新、标新立异，一般来说只要能够利用自己已有的专业知识，设计出可以解决基本功能、满足题目和生态及审美要求的方案即可。当然，如果设计者有良好的知识储备和运用能力，当然也可以在方案里适当做出新意和亮点来吸引阅卷者的注意。

风景园林快题设计考试内容一般包括总平面图、立面图、剖面图、分析图、局部效果图、鸟瞰图、设计说明、植物配置图等。不同高校考试侧重内容不同，风景园林快题设计考核内容大致分为以下几个部分。

2.1.1 场地信息收集整理

在拿到考试任务书时，第一时间找准基址区位环境，红线范围，用地面积，地形高差，图纸要求，分析项目背景、周边环境（自然环境，人文环境）以及主要服务人群。

了解大的背景（所处地区、主导风向、阳光、大概规律）、景观性质、规模（绿地面积、设计要求）。

（1）环境要求，最基本的使用需求（这部分可以帮助定位使用人群，提高设计针对性）；

（2）各功能的设置和具体的面积要求；

（3）出图的图纸要求（对于一个快题设计来说，应该从这里就开始全面地把握，并指导后面的各个环节，各个步骤都应有所针对出图。当然，不同倾向的快题需要灵活把握）；

（4）最重要的是读出题目的弦外之音，看出出题者的目的。比如基地范围地形高度的限制，场地内设施是否可以改变和利用等，做方案的时候一定要时刻注意"陷阱"。

2.1.2 主题构思与功能定位

一个好的主题构思是快题设计的灵魂，它体现的是考生对于整个方案形成的思考方式和思维过程，这也是设计当中最具魅力的一点。功能定位即是考察考生的认知能力，在有一个好的设计主题延续下，考生能否准确地抓住场地最核心的功能问题，即是整个快题方案成功与否的关键。

2.1.3 景观结构和序列

景观序列一般有主轴线和次轴线之分，主轴线是指一个场地中把各个重要景点串联起来的一条抽象的直线，而次轴线则是把各个独立的景点以某种关系串联起来，让整体方案有一定的序列性。景观结构的另一个功能则是给人们视线的引导，沿着轴线的方向，可以是场地内的主要活动空间，着重强调人们在其中的体验。主要景点之外还有次要景点，一般是以主轴线向两边渗透，形成连接次要景点的次轴线。

景观结构一般由"入口＋道路＋节点"构成。入口决定了道路的起始，亦是景观序列的开端。道路通常会引导视线，构成景观轴线，景观轴线上又会串联主要的景观节点，如设计中有水系，则水系、道路、节点之间会产生密切的空间联系。这都是景观结构和景观序列的重要组成内容。

2.1.4 空间组织

景观空间是通过改造地形（修山、理水，筑石），种植树木花草，营造建筑等构成的一种空间形式，即大小和形状各异的景观要素在空间上的排列和组合，包括景观组成单元的类型、数目及空间分布与配置。设计者在设计方案时应学会利用景观空间设计当中的地形竖向、植物、构筑物、空间的开合等来营造不同的空间体验。景观快题设计中，总平面图是决定一个方案好与不好的关键。而在一个优秀的总平面图当中，它的空间尺度比例也同样需要仔细推敲，即考生所设计出来的场地需要有一个良好的空间感。

1. 空间组织原则及常用方法

（1）突出重点。

主景突出，通过所用的动静、曲直、大小、隐显、开合、聚散等艺术手法，可突出主题，强化立意，也可使相互对比的景物相得益彰，相互衬托。这就是空间处理中最常用的对比的手法。如苏州的留园，它在处理入口空间时也用到类似的手法，当游人走进入口时，会感到异常的曲折、狭长、封闭，游人的视线也被压缩，甚至有一种压抑的感觉，但当走进主空间，便顿时有一种豁然开朗的感觉。

（2）景观布置的原则性。

① 均衡感，在中国讲究不对称的平衡，比如曲线运用要比直线多，以大小黑白虚实共用作平衡。

② 突出主题，主景的布置体现了一个空间的主题。

③ 视觉的统一，可以用植物的重复来表现。

（3）空间节奏韵律的把握要注意事物之间的联系性。比如植物之间的联系与变化、植物与建筑之间的过渡、建筑与建筑之间不同材质的变化构成一个节奏韵律的起伏与平静，使这个空间有极大的趣味性。

（4）运用含蓄的手法，让幽深的意境半露半含，或是把美好的意境隐藏在一组或一个景色的背后，让人去联想，去领会其深邃。"春色满园关不住，一枝红杏出墙来"的诗句是园景藏露的典型例子。"露"是一枝红杏出墙，"藏"则是那满园春色万紫千红。

（5）对景与借景手法的使用。借景，通常是通过漏窗或其他手法将景色借到自己园中。借景可以扩大造园空间，突破自身基地范围的局限，使园内外或远或近的景观有机地结合起来，充分利用周围的自然美景，给有限的空间以无限的延伸、扩大景观视野的深度与广度，使人感到心旷神怡，扩大了园林空间，丰富了园林景色。借景则只借不对，有意识地把园外的景物"借"到园内视景范围中来，因地借景，选择合适的观赏位置，使园内外的风景成为一体，是园林布局结构的关键之一。使人工创造的园林融在自然景色中，增添园林的自然野趣，借景对景，相辅而相成。对景所谓"对"，就是相对之意。我把你作为景，你也把我作为景。

（6）植物、地形、建筑在景观中通常相互配合共同构成空间轮廓。

植物和地形结合，建筑与植物相互配合，更能丰富和改变空间感，形成多变的空间轮廓。三者共同配合，既可软化建筑的硬直轮廓，又能提供更丰富的视域空间，园林中的山顶建亭、阁，山脚建廊、榭，就是很好的结合。

（7）要与当地的文化传统相适应。

景观园林的设计离不开当地的文化因素，在空间的布置设计中，要从当地的景观人文视角来观察，突出景观隐性感觉，同时要有自己的园林思想在里面。

（8）比例与尺寸。

和谐的比例与尺度是园林形态美的必要条件。

① 对主景的安排得有合适的视距。如要设置孤植一株观赏性的乔木为主景时，其周围草坪的最小宽度就要有合适的视距，才能观赏到该树的最佳效果。

② 在园林空间中，应该遵循空间的比例与尺度的控制，空间

的界面的处理。园林空间尺度主要依据人们在建筑外部空间的行为，人们的空间行为是确定空间尺度的主要依据。无论是广场、花园或绿地，都应该依据其功能和使用对象确定其尺度和比例。总之，不同品种的乔灌木都经过刻意的安排，使它们的形式、色彩、姿态能得到最好的显示，同时生长也能得到较好的发展，各种园林建筑合适的尺度和比例会给人以美的感受，以人的活动为目的，确定尺度和比例才能让人感到舒适、亲切。

2.1.5 植物景观设计

快题设计中除了考察考生的方案设计能力，同时也考察一个考生对于整个场地中植物种植设计的把控能力。尤其是在农林类院校当中，植物种植设计也是一项考察重点。植物种植设计不同于绿化，也不只包括基础种植。它要求设计者在了解每一种园林植物的生态学特性和生态习性基础上，通过模拟自然群落设计出与园林设计规划思想、立意相一致的各种空间，从而创造出不同的氛围。园林植物的景观设计必须服从功能或立意的要求，考生只有把握总体规划，才能合理安排各个细节景点。

（1）利用园林植物创造观赏景点。

园林景观设计中非常强调背景色的搭配，任何有色彩植物的运用必须与其背景取得色彩和体量上的协调，使整个景观鲜明、突出、轮廓清晰，展现良好艺术效果。采用枝叶繁茂、叶色浓密的常绿观叶植物为背景，效果更明显；绿色背景前适宜配置明色的花坛、花境和花带。对比色配色或白色的小品，配置时除颜色需要考虑外，还应注意明度差、面积大小的比例关系，以及光影的变化。

（2）利用园林植物形成地域景观特色。

快题的题目当中一般会要求考生配出一个特定的地域范围内的植物，如热带有其雨林及阔叶常绿林植物景观，温带有其针阔叶混交林相景观，寒带有其针叶林相植物景观等都具有不同的特色，所以我们同样需要利用园林植物形成地域景观特色。

（3）利用园林植物进行意境的创造。

传统的松、竹、梅配植形式，谓之岁寒三友。皇家园林常用玉兰、海棠、迎春、牡丹、芍药、桂花象征"玉堂春富贵"。中国的植物文化较为丰富，在此不一一列举，希望考生在平时可以多翻阅资料积累这方面的知识。

完美的植物景观，必须具备科学性与艺术性两方面的高度统一，即既满足植物与环境在生态适应上的统一，又要通过艺术构图原理体现出植物个体及群体的形式美，及人们在欣赏时所产生的意境美。就具体的植物景观设计，还需注意以下几点原则：

- 顺应地势，割划空间；
- 空间多样，统一收局；
- 主次分明，疏落有致；
- 主体轮廓，均衡韵律；
- 环境配置，和谐自然；
- 一季突出，季季有景。

→ *2.2 景观快题设计应试方法与技巧*

2.2.1 时间安排

风景园林快题考试考察的是设计者对场地的理解、改造与重构，时长一般为 3 小时、4 小时或 6 小时，总体时间较为紧张，需要设计者能够在短短的几个小时内完成题目里的图量要求，同时清晰地表达出自己的设计意图。而这必然需要设计者的长期积累与练习才能使自己在短短的几小时内发挥出自己应有的水平，将自己的设计表达了然于图纸上。

3 小时的快题考的是对设计如何构思与表达的熟练度，也就是考察设计者解决场地基本问题的能力；而 6 小时快题中加入了对设计的构思评价的成分，不仅要解决问题，还要表达出自己的设计构思和意图，同时加入更多的细节表达和处理方式，对于图面的要求也更高，也就需要在效果表达上花费更多的精力。不论是多长时间的快题考试，其初衷都是一致的，需要设计者平日里在设计与手绘表达上的点滴积累，正所谓"读书破万卷，下笔如有神"。

1. 时间分配概况

在快题考试当中我们一般遵循着"审题慢，分析中，下笔快"的时间分配原则。很多设计者为了节省时间，往往在匆匆审题后便迅速下笔，有时反而会事倍功半。倘若在下笔之前没有很好地理解出题人的意图，没有分析清楚场地要素，没有理清需要解决的基本问题，这时如果想要修改自己方案的话时间上几乎已经不允许，导致最后的快题设计顾此失彼，设计者尽管追悔莫及也已无可奈何。因此，设计者在下笔之前一定要认真审清题目中的每一个关键字，分析题中的每个要素，做到对场地要素了如指掌后再下笔。

2. 具体时间分配

不论快题考试时间是 3 小时、4 小时还是 6 小时，审题作为做好一个快题设计的前提，时间均要保证 15 分钟左右。而总平面图的立意与构思，以及总平面图的表达又是整个设计的重中之重，因而总平面图的完成时间一般占到整个方案所需时间的一半甚至 2/3。

此外，不同高校的图量要求有差异，一般来说往往还包括鸟瞰图、效果图、分析图、剖面／立面图、设计说明，有些高校还需要有方案设计的概念演绎以及植物配置等等。这些图量的时间分配因题目要求和设计者的不同而不同，但是切记在快题设计与表达的过程中一定要分清主次，对于主要内容和需要突出的重点多花时间，加强细节，而不重要的部分稍加表达即可，不要因小失大。

总的来说，快题设计的过程一般包括：

（1）审题；

（2）场地现状分析；

（3）设计立意与构思；

（4）方案布局与细化；

（5）效果表现；

（6）必要的文字说明。

设计者在自己长期练习的过程中可以按照自身特点总结规律，掌握好适合自己的合理的时间安排。下面以 3 小时的快题考试为例来具体安排一下每一部分内容的所需时间，设计者可以按照自身情况适当调整时间安排：

读题：10~15 分钟

移图：5 分钟

版式：5 分钟

分析图：10 分钟

平面图（包括文字说明及图例）：1.5 小时

效果图、剖面图／立面图、鸟瞰图：1 小时

2.2.2 读题方式

快题考试的出题者需要通过几个小时的快题考试来了解设计者对场地的理解和把握，设计思路以及整个图面效果的表达，因而学会读题是做好一个优秀的设计方案的第一步。读题便是要审清题目，这不仅需要设计者能够找出关键字，抓住题眼，把握并理解出题人的思路，确定场地类型，同时也要求设计者要有良好的心理素质，能够合理利用好有效的时间。考场上气氛紧张，时间紧迫，设计者唯有静下心来，不急不躁，才可以发挥出自己应有的水平，甚至在考场上激发起自己思维的火花，在方案设计上做出自己独特的想法。

2.2.3 版式与标题

版式与标题的布置与书写在整个快题设计中属于次要内容，但是我们依旧不能忽视它的重要性。快题设计考的是一个设计者的综合能力，这不仅体现在设计者方案的设计与表达上，同时也体现在版式的安排和题目的书写上。合理的版式可以让自己的图面效果整洁美观，同时突出自己图面的重点内容。而寻找到一个适合自己的标题书写方式不仅可以节约时间，也可以美化整个图面效果，起到画龙点睛的作用。

以下是我们在学生们平时练习过程中收集的比较好的版式与标题书写，希望可以在读者们平时的练习中起到参考的作用。

風景園林
快题解析

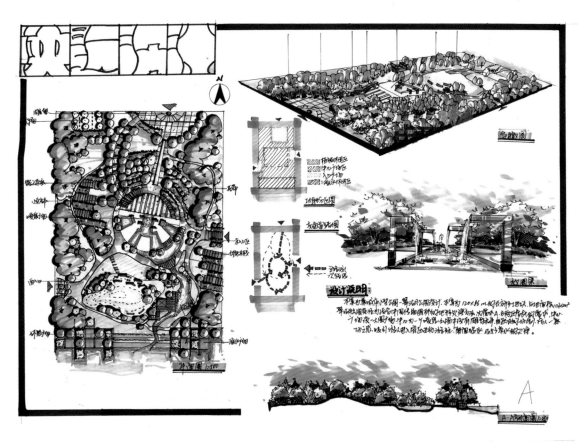

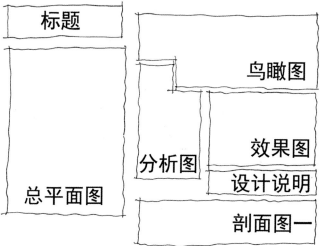

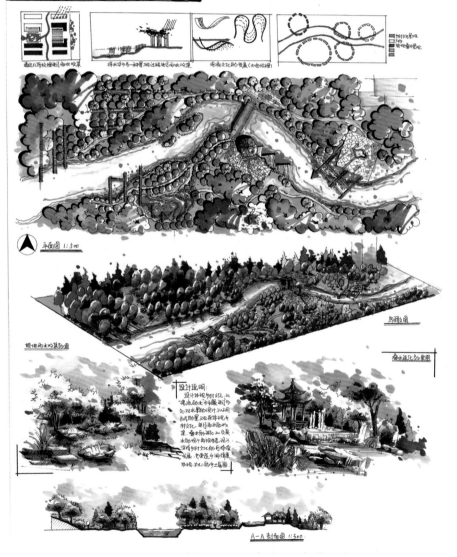

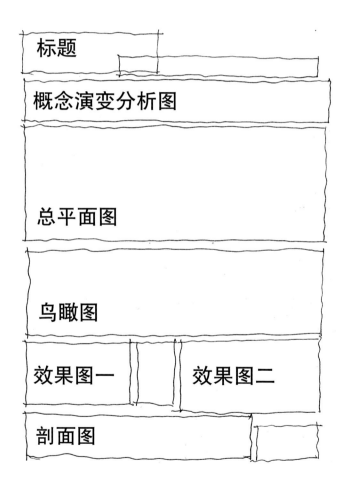

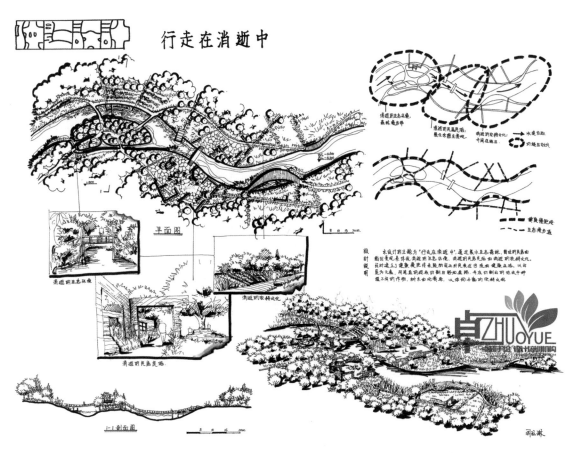

行走在消逝中

平面图

Ⅰ-Ⅰ剖面图

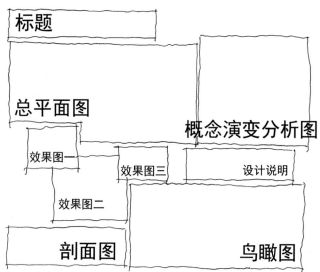

标题

总平面图

概念演变分析图

效果图一

效果图三

设计说明

效果图二

剖面图

鸟瞰图

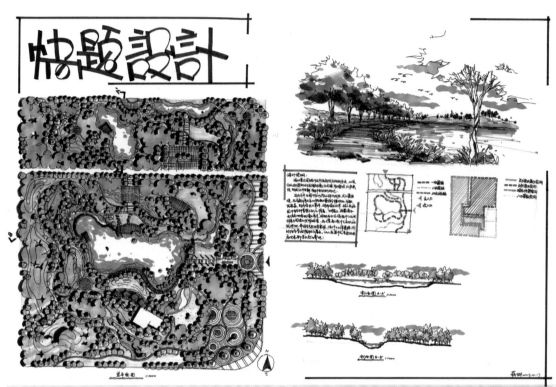

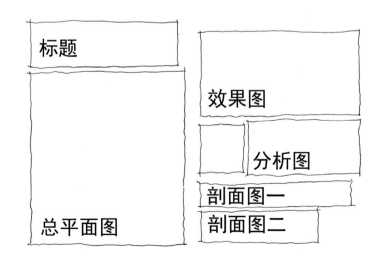

标题	效果图	
总平面图	分析图	
	剖面图一	
	剖面图二	

标题书写参考

常见形式为主标题加副标题，其中主标题体现设计主题，副标题标明设计内容。

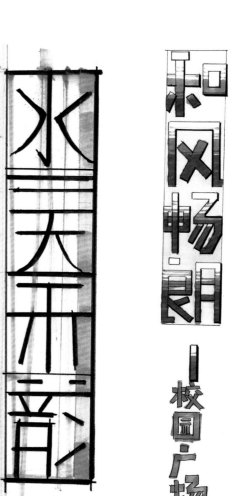

某公寓住宅小区

校园户外

生活空间

城市广场

2.2.4 移图方法

以某校某年真题为例：

1. 题目：某公园设计

2. 区位及面积

公园位于北京西北部某县城中，北为南环路、南为太平路、东为塔院路，面积约为 3.3 万 m^2（图中粗线为公园边界线）。用地东、南、西三侧均为居民区，北侧隔南环路为居民区和商业建筑。用地比较平坦（图中数字为现状高程），基址上没有植物。

3. 要求

公园成为周围居民休憩、活动、交往、赏景的场所，是开放性的公园，所以不用建造围墙和售票处等设施。在南环路、太平路和塔院路上可设立多个出入口，并布置总数为 20~25 个轿车车位的停车场。公园中要建造一栋一层的游客中心建筑，建筑面积为 $300m^2$ 左右，功能为小卖部、茶室、活动室、管理、厕所等，其他设施由设计者定。

4. 提交成果

提交两张 A1（594mm×841mm）的图纸。

（1）总平面图 1：500，表现形式不限，要反映竖向，画屋顶平面，植物只表达乔木、灌木、常绿落叶等植物类型，有设计说明书；

（2）鸟瞰图（表现形式不限）。

注：试卷中所附两张图纸，编号分别为 A、B，单位为 m，考生需按 AB 拼图，再将图纸放大到 1：500，图纸要有周围道路。

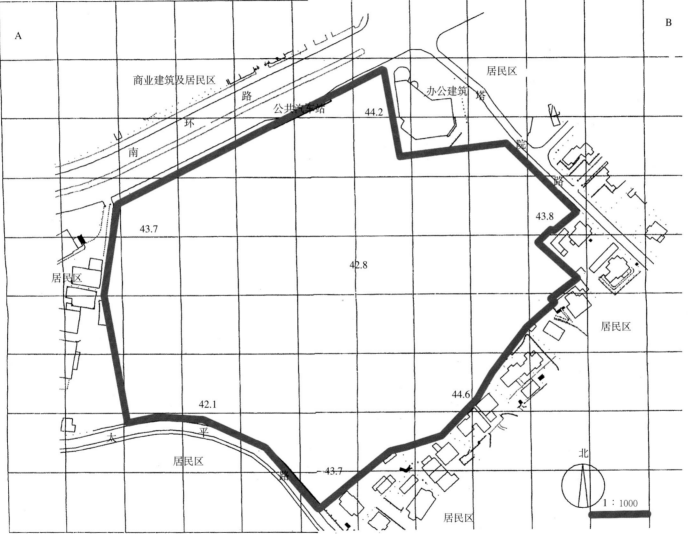

A

B

商业建筑及居民区

环

南

路

公共汽车站

居民区

办公建筑 塔

院

路

44.2

43.7

43.8

42.8

居民区

居民区

42.1

44.6

太

平

路

居民区

43.7

居民区

北

1：1000

编者注：为方便读者练习，A、B图纸已拼好。由于印刷缩放，读者所看到的图纸比例并非原试题所注的1：1000，
请按照格网大小为30m的尺度设计。

19

（1）将平面图网格按照题干比例要求绘制到绘图纸上。

按照图纸要求1：500的比例，每个格子代表60m

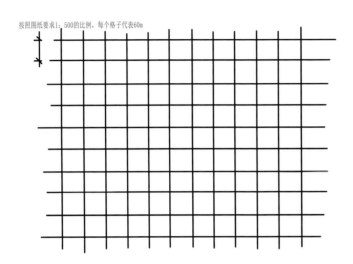

（2）按照原图，找到红线轮廓的转折点，在绘图纸上进行定位。

按照图纸要求1：500的比例，每个格子代表60m

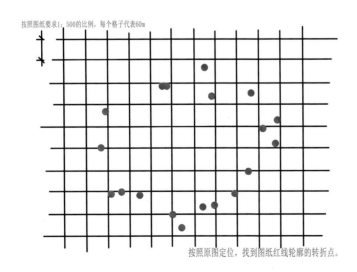

按照原图定位，找到图纸红线轮廓的转折点。

（3）将定点用线进行连接。

按照图纸要求1：500的比例，每个格子代表60m

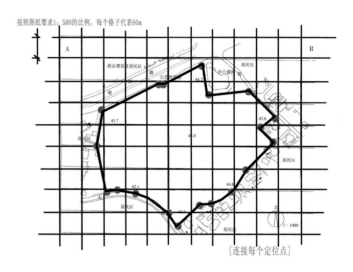

[连接每个定位点]

（4）完成。

按照图纸要求1：500的比例，每个格子代表60m

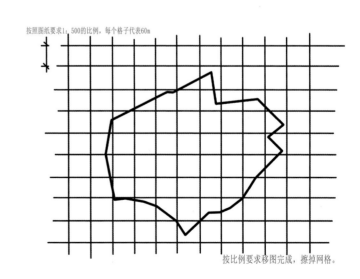

按比例要求移图完成，擦掉网格。

第 3 章

风景园林
快题设计内容

很多设计者往往注重方案设计、忽视手绘表达，或者一味强调手绘表达而忽视了最基本的方案设计，事实上这两者都是不可取的。一个好的快题设计，构思与方案设计固然是重中之重，但与此同时良好的制图习惯，清晰的图面表达和文字说明也是必不可少的。很多时候手绘表达可以增加自己设计的说服力，倘若只是空有很多好的设计想法却不懂手绘表现，别人便很难理解自己的设计意图。而且掌握好手绘表达的基础，在心理上对设计者的兴趣和信心上也都有很大的提高，二者是互补的。通过这些细节的处理，可以让阅卷的人更加快速准确地看到自己图纸内容，也可以给阅卷人留下很好的第一印象。

→ *3.1 平面图*

景观平面图是在与地面平行的投影面上所作的环境正投影图。在整个图面上，平面图是最能反映设计者设计意图，体现设计者专业素养的内容。很多老师或者设计人员在评定方案的时候都是从总平面图入手。平面图里包含了设计者设计构思、场地规划、节点处理等众多内容，因而总平面图是所有图纸中最重要的内容。而这除了设计者自身的功底之外，还需要设计者平时有良好的绘图习惯，并辅以大量的方案练习和积累。尤其是在几个小时的快速设计当中，掌握良好的绘图方法和技巧可以起到画龙点睛的作用。

平面图常用的绘图工具一般有彩铅、马克笔、针管笔，此外还有水彩，但是由于快题考试时间较短，而水彩的前期准备时间较长，所以我们在快题考试中不常使用。

在快题考试当中平面图采用的比例多为 50 或 100 的倍数，常见的比例有 1∶300 、1∶500 、1∶800 、1∶1000。此外还可以采用线段比例尺的画法。

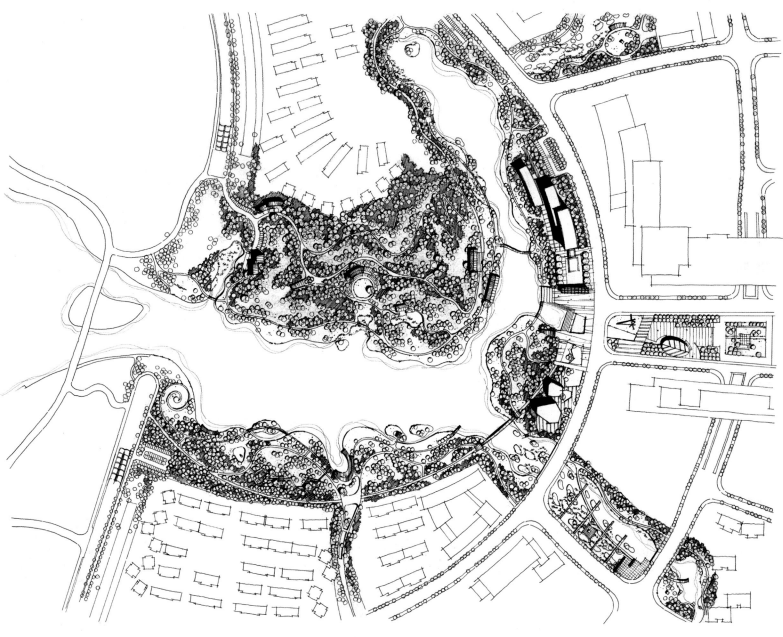

纯墨线表现平面图

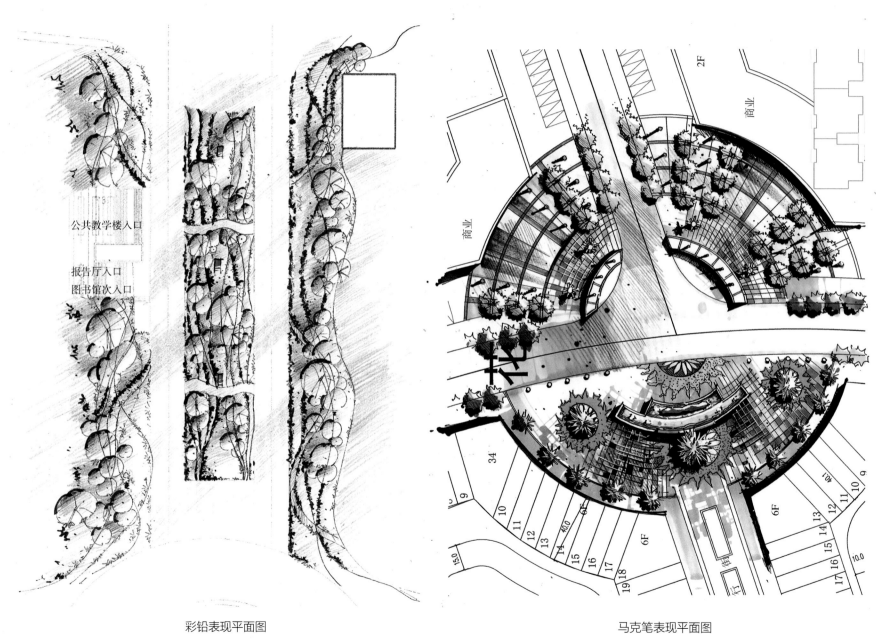

公共教学楼入口

报告厅入口
图书馆次入口

彩铅表现平面图

马克笔表现平面图

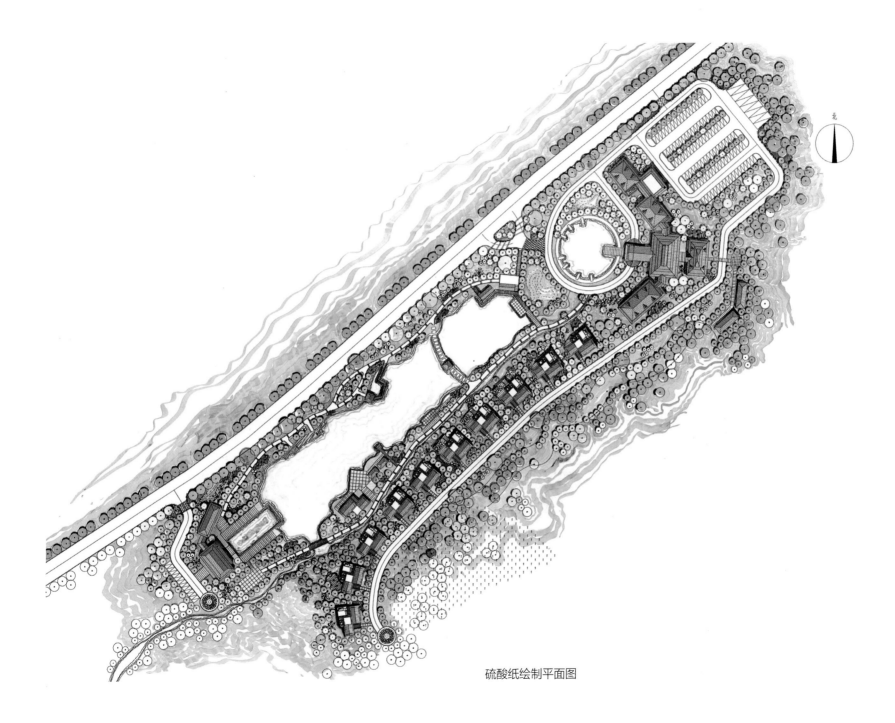

硫酸纸绘制平面图

3.1.1 平面图绘制步骤[①]

（1）进行绿地分析，功能需求分析，找出主入口、次入口。

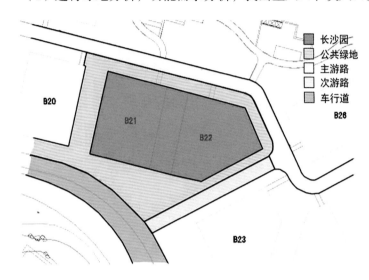

长沙园
公共绿地
主游路
次游路
车行道

（2）地形分析，划分空间。

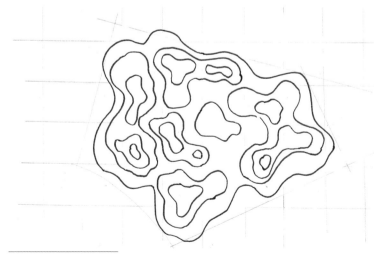

（3）依据划分空间布置主要道路。

（4）布置次要道路，满足交通需求。

① 本节图纸均以某展园设计项目为例。

（5）主要节点的布置与划分。

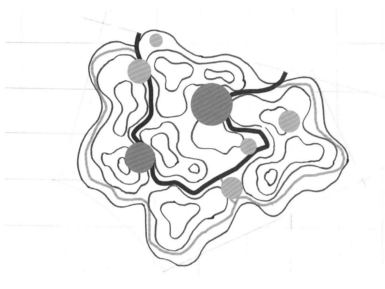

（6）主要节点设计，次要节点辅助。

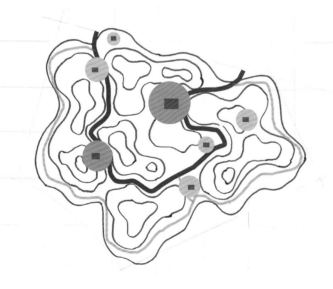

（7）乔木及树丛植物种植。

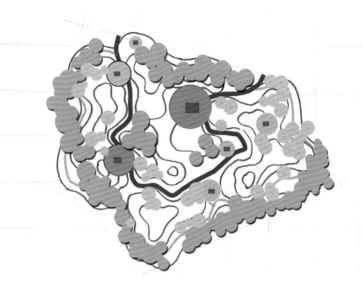

（8）灌木添加，丰富层次。

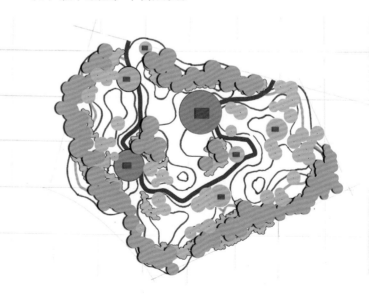

3.1.2 平面图绘制规范

在绘制平面图的过程中，有很多规范性的要求，例如道路宽度、停车场尺寸、回转车场半径等，具体内容我们在第四部分的规范当中有详细讲解，供大家在平时练习过程中查阅。

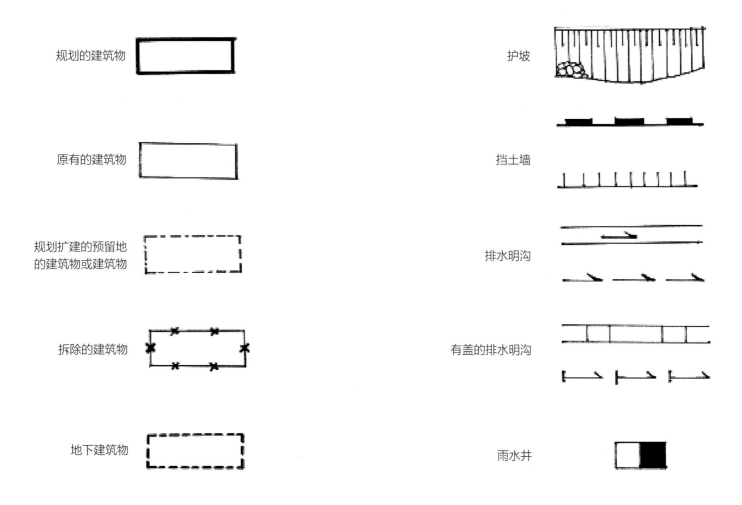

部分平面图图例

3.1.3 平面图绘制要点

良好的绘图习惯可以给阅卷老师留下良好的第一印象。

（1）一定要清晰、准确地表达场地基址内外环境。（对于道路、节点、地形、植物种植设计等主要设计内容）

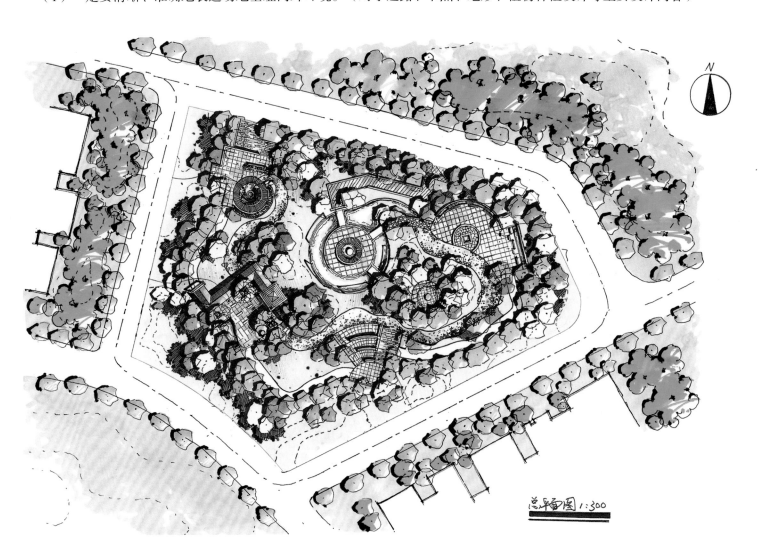

总平面图 1:300

（2）比例尺，指北针。

比例尺常用1：300、1：800、1：1000。指北针常置于总平面右上角或右下角，采用最熟悉的画法表达即可。（风玫瑰图在快题考试当中为避免出错尽量少用。）

比例尺　　**数字式**　　1：300　　1：800　　1：1000

线段式

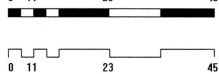

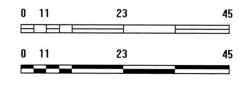

指北针

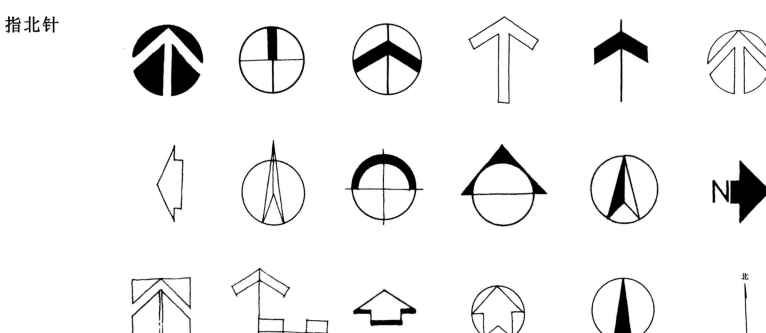

（3）阴影。

阴影方向：限国内的考试，中国处于地球北半球，根据地球自转的原理，地面以上的物体投影绘制于物体东北方和西北方（自己熟悉的方向），地面以下如水体等阴影方向相反。

阴影长短：阴影的长短表达物体实际的高度。灌木投影长度切莫大于乔木投影长度。

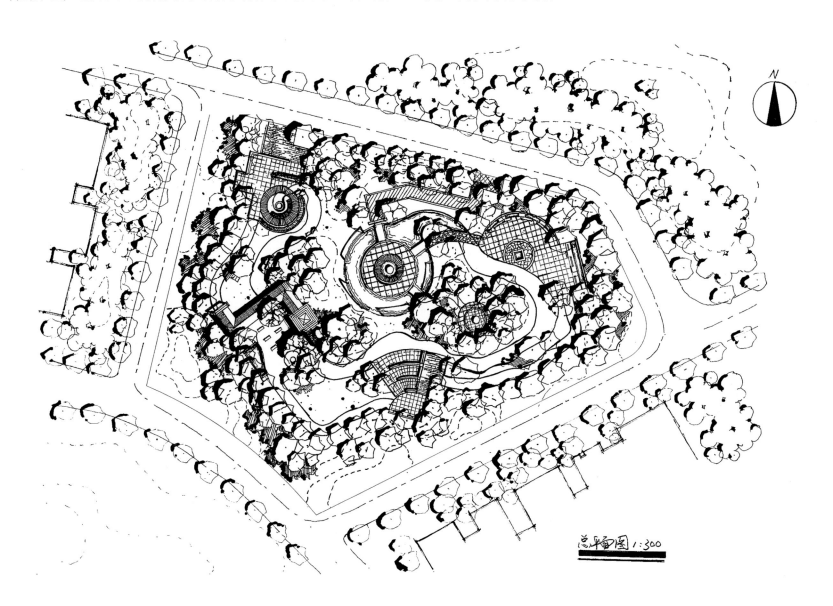

总平面图1:300

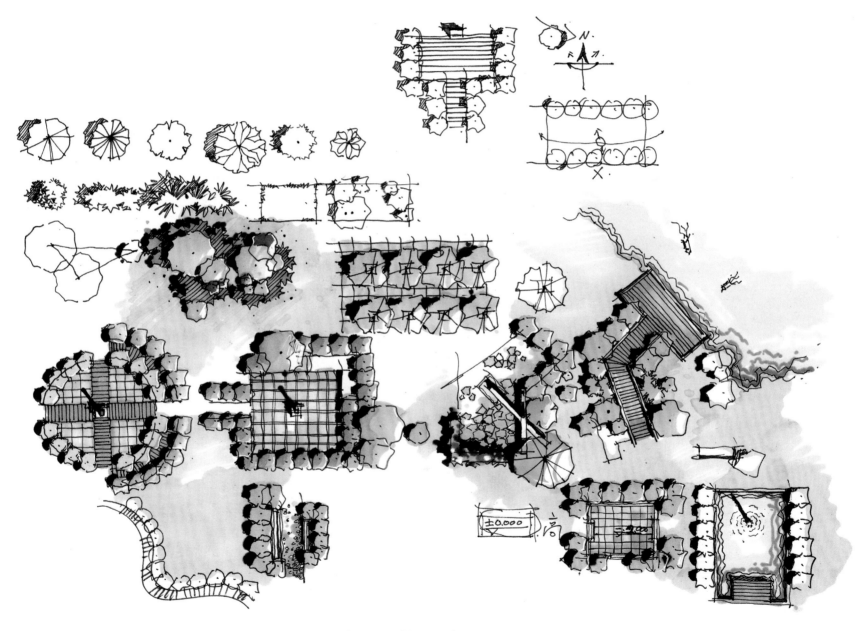

常见平面图例阴影画法

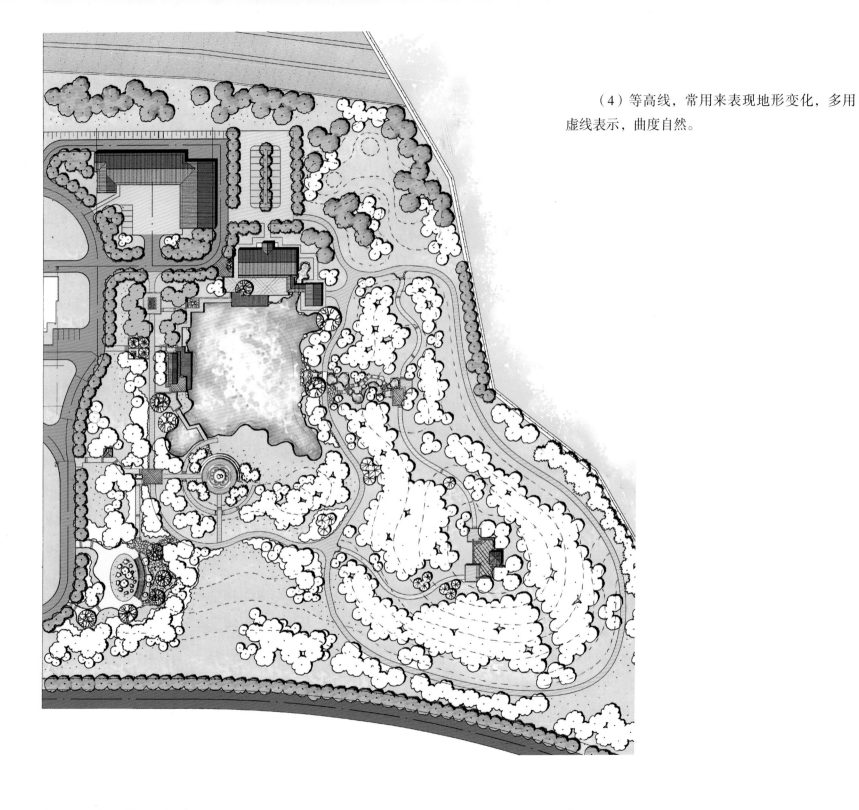

（4）等高线，常用来表现地形变化，多用虚线表示，曲度自然。

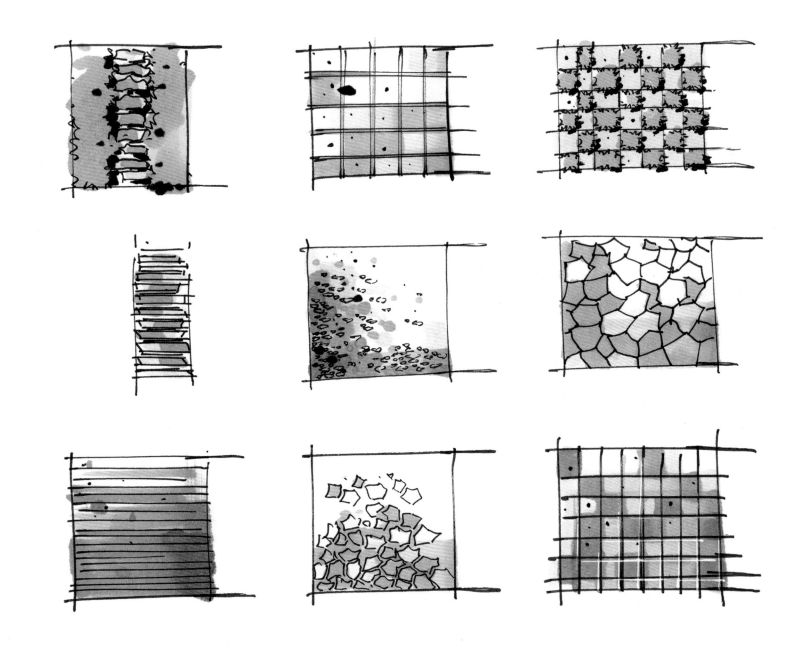

（5）地面铺装，表达铺装形式和材质。不用严格按实际尺寸表达，虚实要有变化。

（6）植物种植一定要注意比例、尺度。常用5m冠幅行道树作为参照，植物组团注意三两成组种植，云线外凸内凹，"手掌原则"。

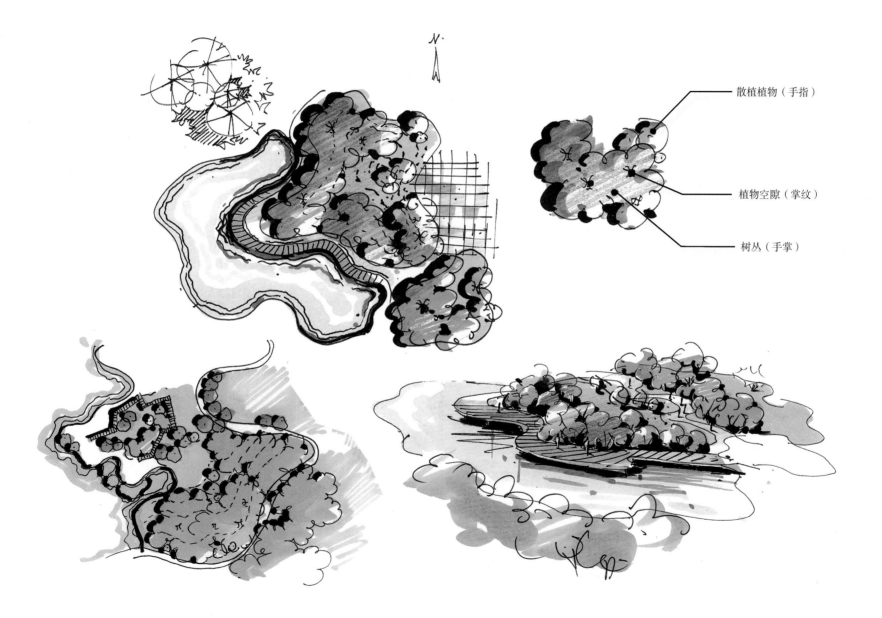

散植植物（手指）

植物空隙（掌纹）

树丛（手掌）

植物在总平面图中的绘制方法：

1）几株相连接树木的组合画法可以按单株形式绘制，也可以把外轮廓连成整体，整体绘制。

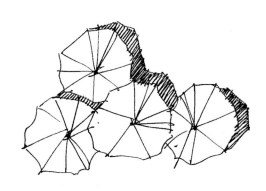

2）大片植物的绘制方法。

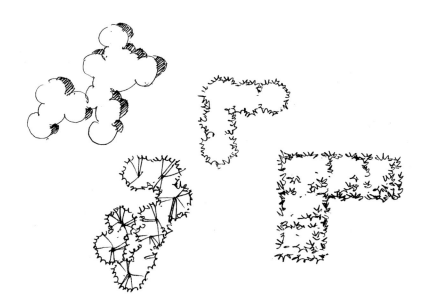

3）灌木和地被物的绘制。灌木相对来说体积较小，没有明显主干，所以我们在绘制时要把握其主要特征，常常成片绘制。

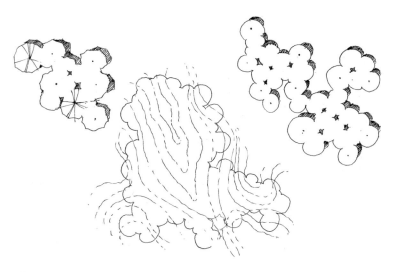

4）地被物采用轮廓勾勒和质感的表现形式。

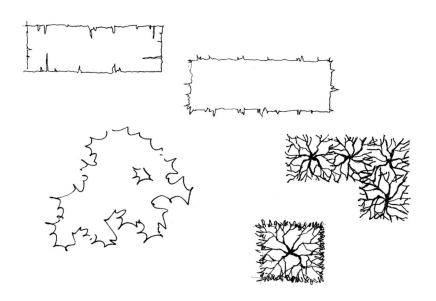

（7）文字标注，主要是丰富图面表达，更加清晰、准确地告诉阅卷老师你的平面图设计意图。一般标注于主要的出入口、节点、道路、停车场、水系、古树等，时间充裕还可配送英文注释显得更加高大上。形式常采用引线至平面图两侧，注意字体一定要工整！

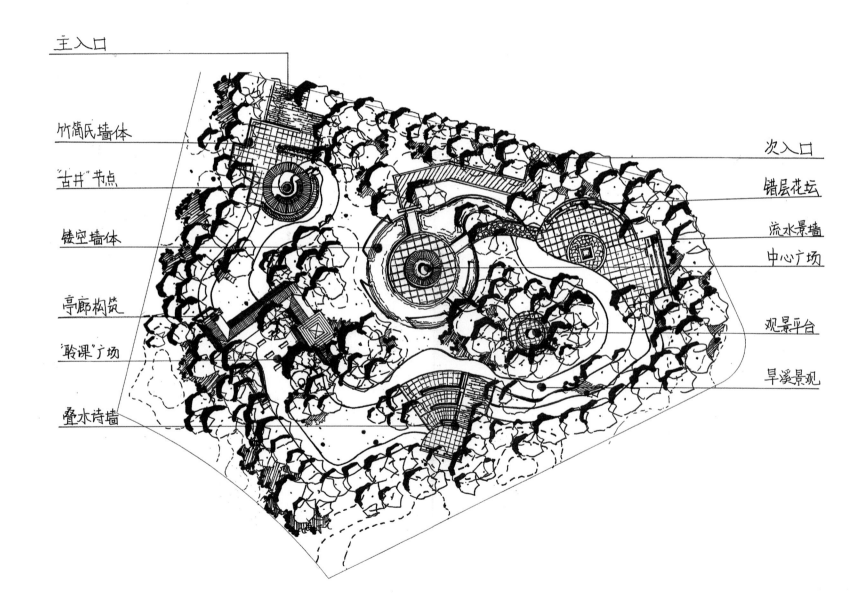

主入口

竹简氏墙体

"古井"节点

镂空墙体

亭廊构筑

"聆课"广场

叠水诗墙

次入口

错层花坛

流水景墙

中心广场

观景平台

旱溪景观

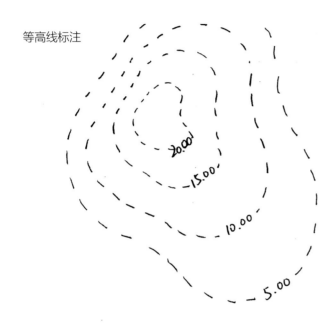

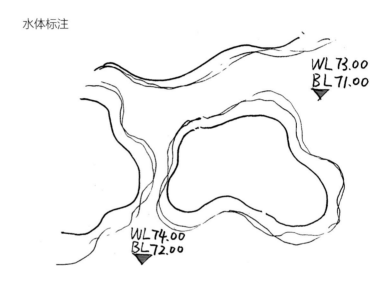

（8）标高，为了辅助表达地形高差变化，书写到小数点后两位，常使用任务书给出的绝对标高。

（9）图名和比例。采用自己最习惯的方式表达，常用形式：粗实线在上，细实线在下，图名和比例写于粗实线上。

等高线标注

水体标注

广场坡度标注

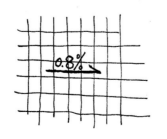

广场高差标注

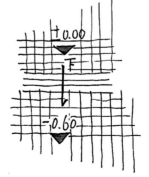

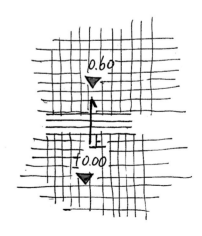

→ *3.2 分析图*

分析图的目的是为了明确把握现状特点、功能需求、解读概念与形式转换的可能性，就是通过分析，对复杂多样的区域和各种内容进行梳理，快速把握主要特点和问题，有效地组织各方面内容，并使它们成为一个结构清晰的有机整体。通常情况下，我们将分析的内容分为不同的方面并用形象化的符号在图中表达，这些符号可以划分为三种类型：点、线、面。每一种类型都有很多变化，表示与具体分析内容相对应的元素，分析不同的结构时，点线面所对应的元素不同。

3.2.1 现状分析图

现状分析包括外部环境分析和基地分析两部分。其中外部环境分析包括风向、噪声、周边交通流线、景观特征等的分析。基地分析包括地形、视线和现有风景等要素的分析，诸如植物、水系和现有建筑等。

在着手进行快题绘制之前，对现状的分析必不可少，通过该步骤，可以让设计符合现状及常理，也可以帮助考生加强对基地重要条件的视觉记忆，并使设计语言更加直接地与现状条件对位，使设计更好地与现状相切合。

常见分析符号

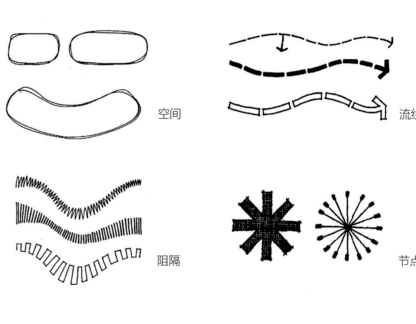

空间　　流线

阻隔　　节点

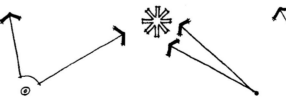

视线

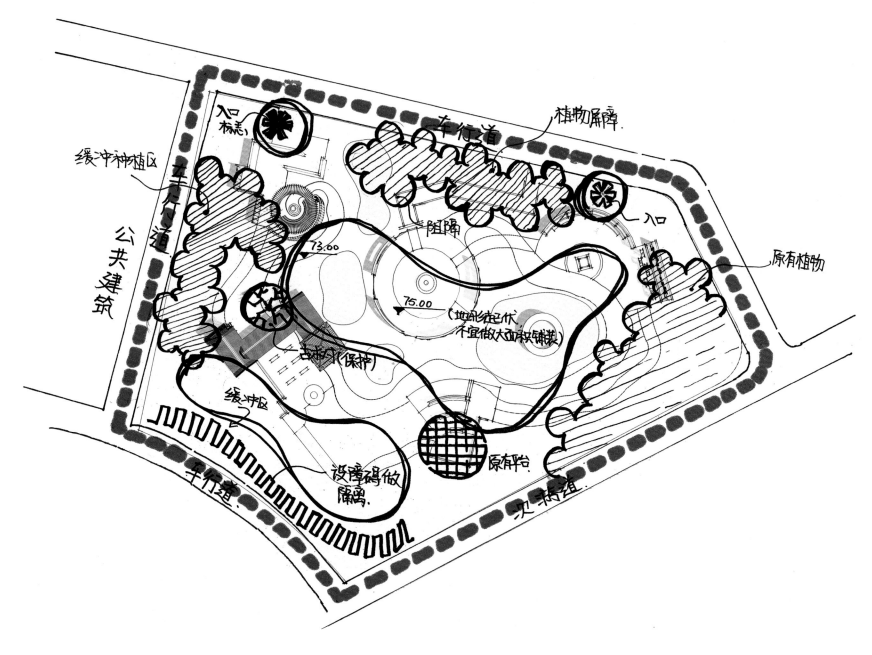

入口
标志

缓冲种植区

车行道

公共建筑

车行道

缓冲区

设障碍做
隔离.

古地刃(保护)

73.00

75.00

(地形必起伏
不宜做大面积铺装)

车行道

植物屏障

阻隔

入口

原有植物

原有拾

人行道

原有台

3.2.2 功能分析图

　　功能分区图的任务是表达各个功能区的位置以及各功能区之间的相互关系。主要内容包括区域划分、交通组织、主要服务设施布置。分别对应：点——主要设施或节点符号，线——路径交通符号，面——具有相同类型的区域符号，它们共同反映各功能内容之间的结构关系、主要功能项目的位置以及各功能区之间的相互关系。

3.2.3 交通分析图

　　交通分析图是为了表达出入口的位置以及各级道路之间彼此的交通流线。绘制交通分析图时应清晰地表达出周边交通道路以及场地内部交通道路的流线方向、主次入口的位置。鉴于场地的功能不同，有些还需要绘制消防通道、消防登高面以及回转车场、紧急出入口。

　　绘制时注意入口标志尽量用较醒目的颜色绘制，同时交通流线的粗细也可以表达道路的等级高低。一般来说，道路等级越高，所绘制出来的线条越粗。

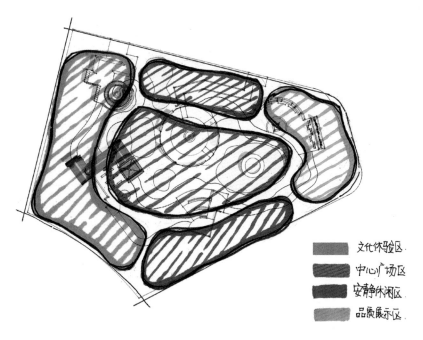

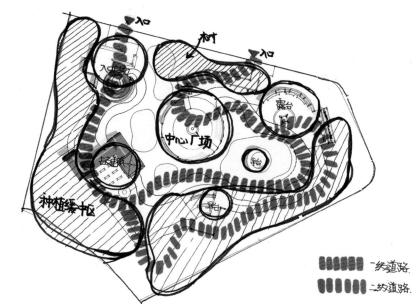

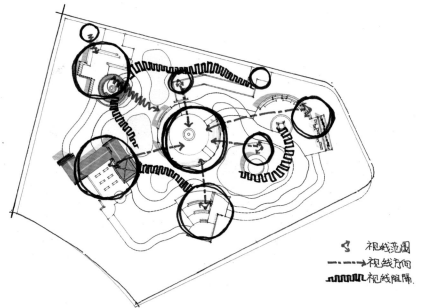

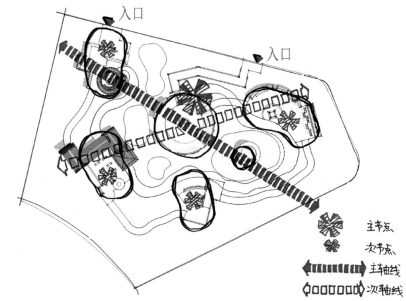

3.2.4 视线分析图

视线分析图需要在景观结构分析图和植物分析图的基础上绘制，表达的是不同节点内视线所能看到的景观范围。一般来说视线有通透、半通透和不通透之分。其中不同的节点可用圆形图例表示，视线方向可用箭头表示，并通过箭头的长短来表达视线范围的开阔程度。

3.2.5 景观结构分析图

景观结构分析图主要是为了表达场地设计中各个景观节点之间的主次关系以及轴线关系，一般来说均为"几轴几带几中心"的布局方式。其中节点可以用圆形图例来表示，水系可用蓝色边线表示，轴线可用实线、点画线或虚线表示，同样，线的粗细可以表示轴线的主次之分。

入口

入口

视线范围
视线方向
视线阻隔

主节点
次节点
主轴线
次轴线

3.2.6 植物种植分析图

植物是整个方案设计中的一个重要组成部分，通过植物分析图可以看出设计者在方案中的植物配置方式。植物分析图的绘制方式类似于功能分析图，根据植物种植的疏密程度可以分为：密林区、疏林区、开阔草坪区；根据植物的颜色不同可分为：春色叶树、秋色叶树、常绿树以及彩叶树；根据植物自身特性也可以分为：针叶树、阔叶树、灌木、草地、地被。

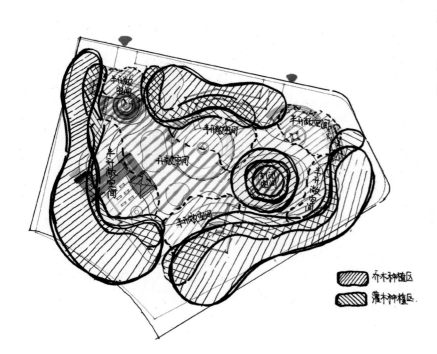

图例：
乔木种植区
灌木种植区

3.2.7 概念演变分析图

每一个方案的形成都包含着设计者自己的思想在里面，为了能够让阅卷老师了解自己的设计想法，我们采用概念演变分析图来体现方案的思想。概念是一个方案设计的灵魂，没有思想而一味空洞地去满足功能的方案是没有灵性的，也经不起反复推敲和细细品味。而一个好的设计主题可以升华整个方案，凝练一个方案的核心。

在进行概念演变分析时，还要注意以下几点：

（1）抓住关键条件、重要影响因素，有重点地表达。

（2）分析图的语汇表达要清晰，便于理解。

（3）在景观分析与功能分析中需要表达各要素之间的相互关系，以及这种关系的程度。

（4）程度的表达依赖于符号的尺度、色彩的饱和度以及色彩的虚实等因素，同样的符号需要划分为不同等级，以指代不同层次的内容。

（5）由于符号的抽象性，应当用适当的文字来补充说明。

地形设计概念演变

节点设计概念

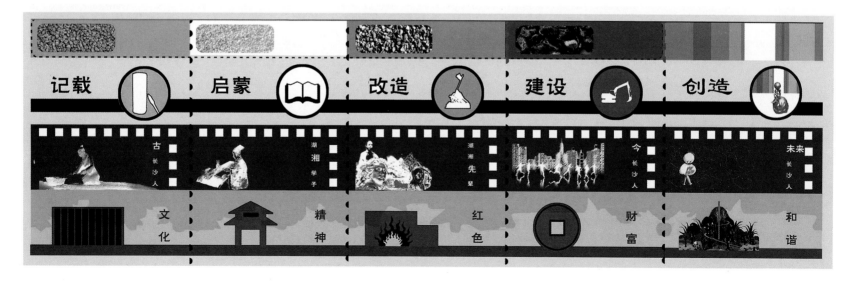

→ *3.3 立面图和剖面图*

3.3.1 立面图和剖面图表现

　　风景园林设计中的竖向设计也是其重要一部分，这就需要通过剖面图和立面图来表现。剖、立面图可以从侧面来补充平面图的细节，反映出地形、水体、天际线、植物的林冠线等内容。很多设计者在选择立面和剖切位置时，往往避重就轻，选择较为简单方便上手的面来画，这其实是不正确的。实际上，我们应该选择立面或者剖面上景观丰富、地形有起伏变化的地方来进一步表达自己的设计内容。

　　一般来说，剖、立面图也有相对应的比例尺，在绘制中可以适当添加人物和车辆来表达出竖向上的比例关系。

　　（1）找地形起伏变化丰富并且景观节点多的位置；

　　（2）在把握好平面尺度的同时也要注意立面上尺度的把握；

　　（3）熟知一些常见的标高及尺寸。

剖立面与人的尺度比例

3.3.2 立面图绘制要点

1. 立面图名称

　①北立面图；②南立面图；③西立面图；④东立面图。

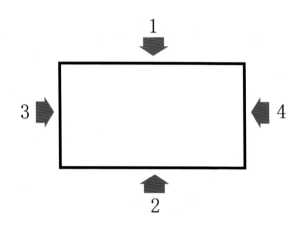

2. 立面体现层次、虚实关系

3. 立面可表现出平面无法表现的细节

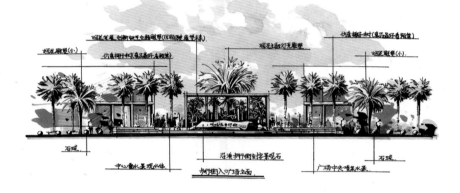

4. 植物立面的类型与绘制方法

5. 立面图注意事项

（1）立面图命名，常用东、西、南、北四个立面。没有"1-1立面图，A-A立面图"。

（2）立面图主要表达的是设计场地空间竖直垂直面的正投影面，常用比例 1∶100、1∶200。主要表现场地空间造型轮廓线，植物造型的高矮以及公共标识物、构筑物的位置和造型等。

（3）立面图地面常用黑色水平粗实线加深。

（4）注意背景虚化（常用植物虚化三步法），突显主要空间轮廓。

（5）根据比例画一个 1.7m 高的人，作为竖向标尺。

3.3.3 剖面图绘制要点

1. 剖面图的名称及剖切符号

1-1 剖面图；2-2 剖面图；3-3 剖面图。

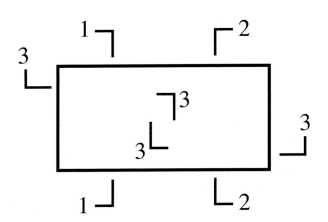

2. 剖面体现地形变化

3. 剖面体现与环境的关系

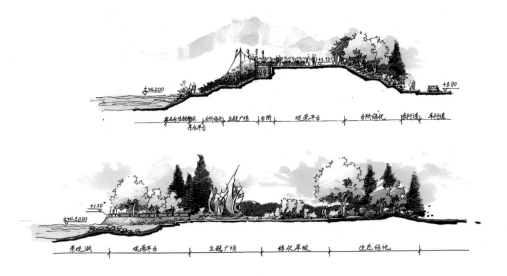

4. 剖面图注意事项

（1）剖面图主要表达场地内地形高差变化的设计。

（2）尽量少剖到古建，否则需画出古建复杂的剖面结构，增加了制图难度。

（3）剖面图剖切轮廓线根据地形变化起伏，不可能是水平直线。

（4）比例尽量跟立面图一致。

（5）记得标高。（任务书没给出绝对标高，可一地面为基础自定义相对标高）

（6）剖面图表达分为剖到的内容和看到的内容，强化表达剖切部分的轮廓，看到的内容作为背景虚化。

（7）总有一两个神奇的人在放风筝，丰富图面，作为竖向高度参照，切莫忘记！

→ 3.4 效果图

3.4.1 效果图表现技法

局部效果图可以表现出方案内较为重要的节点效果，想要画好效果图需要设计者长时间的手绘练习。在快题设计当中由于时间紧促可能想要完成一张精美的效果图表现较为困难，但是可以通过准确的透视、合理的构图来快速地表现出一个场景。做到主次分明，主景突出，远景和次景弱化。

效果图的透视包括一点透视、两点透视和三点透视，常用的为一点透视和两点透视。一点透视由于构图严谨，中轴对称，一般用来体现纪念性和庄严肃穆的场景；两点透视构图相对而言更为活泼生动，在效果图绘制中的运用最为广泛。

效果图可以最快最直观地表达出设计者的意图，透视原理帮助设计师较为准确地推导出透视角度、物体尺度等，是我们必须掌握的构图原理和基础。

1. 效果图的基本特征

效果图具有消失感、距离感，相同大小的物体呈现出有规律的变化。效果图的基本原理总结如下：

（1）随着距离画面远近的变化，相同的体积、面积、高度和间距呈现出近大远小、近高远低、近宽远窄和近疏远密的特点。

（2）与画面平行的直线在透视中仍与画面平行，这类平行线在透视中仍保持平行关系。

（3）与画面相交的直线有消失感。这类平行线在透视图中趋向于一点。

2. 透视参数的选择

（1）视域：指观察者所取的视觉范围角度。初学者往往会选择很大的视域范围，想把所有的对象都包含在内，结果是画面没有重点。事实上，我们选择的视域范围不要太宽也不能太窄，以画面的主要对象为中心点来决定。

（2）视距：是观察者与对象之间的距离。初学者容易犯的错误是把视点逼近对象，用很短的视距来表现场景。这样做会使画面显得很满，没有空间余地。

（3）视高：指视点在多高的位置上来观察对象。不少初学者以为选择俯视的角度最能表现场景。虽然俯视图在表现场景的全貌上是很好的，但在表达场景氛围上还是平视图更有优势。设计者的很多意图在平视图中能得到充分展现，并且平视图更能产生场景的亲切感。所以我们要养成从平视的视高观察和表现场景的习惯。

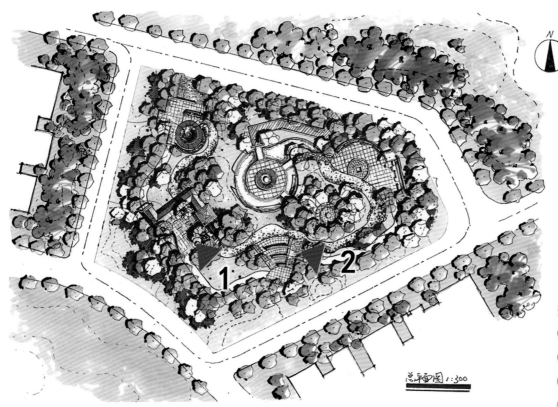

总平面图 1:300

效果图绘图步骤
① 确定空间与透视；
② 确定主体景观与周围环境关系；
③ 细化线稿；
④ 上色。

3. 效果图的种类

（1）一点透视：指在一点透视中，空间三组轮廓线中有两组与画面平行，一组与画面垂直。适合表现场面宽广或纵深较大的景观，室内透视也常用这种方法表现。另外，一点透视有一种变化的画法，在心点的旁边另设一个虚灭点，使原先与画面平行的那个画向虚灭点倾斜，称为斜一点透视，可以改变一点透视平滞、缺乏生气的不足，因而运用广泛。

（2）两点透视：当空间体只有铅垂线与画面平行时所形成的透视称为两点透视。若从景物与画面的平面关系看，又可以称为成角透视。

（3）三点透视：三点透视在快题设计中运用于鸟瞰图，即存在三个透视点。

一点透视

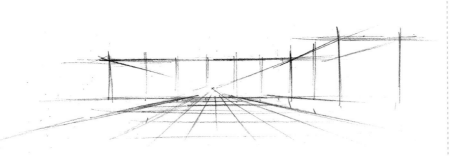

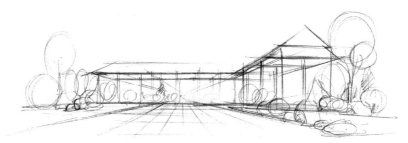

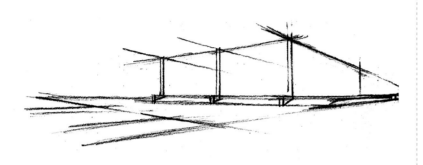

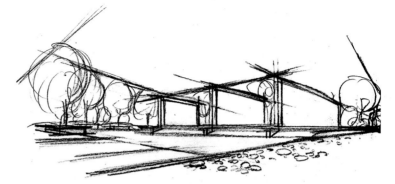

3.4.2 效果图绘制要点

（1）展现出方案里面最重要的部分，如广场、出入口、水体等等。很多设计者为了节省时间或者是觉得自己手绘水平不够，经常画一些单个的亭子、廊架、景墙甚至是组团的植物群，而实际上阅卷老师很不喜欢这种投机取巧的方法，不仅不能反映出设计者方案的主要内容，再者这种画法难免有凑数之嫌。

（2）透视要准确，尺度比例要真实。不准确的透视和尺度比例会让整个效果图失真，表现不出设计者想要的效果。

（3）可以适当地加入简笔的人物或鸟类在内，通过他们来体现场地的尺度感，同时也可以增加画面的生活气息，体现出场地中人们的参与性。

（4）线条尽量干净利落，画面干净整洁。

→ *3.5 鸟瞰图*

3.5.1 鸟瞰图表现技法

　　鸟瞰图是根据透视原理，用高视点透视法从高处某一点俯视地面起伏绘制成的立体图，它可以立体直观地表现出整个场地的大关系，让他人清楚明了地看清楚自己的整个方案设计。

　　绘制鸟瞰图过程中最主要的是要把握好整体的透视关系。其次是把自己的设计中的重点部分绘制出来，例如出入口、道路、水体、主要节点，次要设计内容可以简略地表达，甚至可以为了整个鸟瞰图的图面效果适当地增减一些内容。

3.5.2 鸟瞰图绘制要点

（1）确定透视关系；
（2）绘制主要的节点细节；
（3）处理好图面的主次及虚实的对比。

鸟瞰图绘图步骤

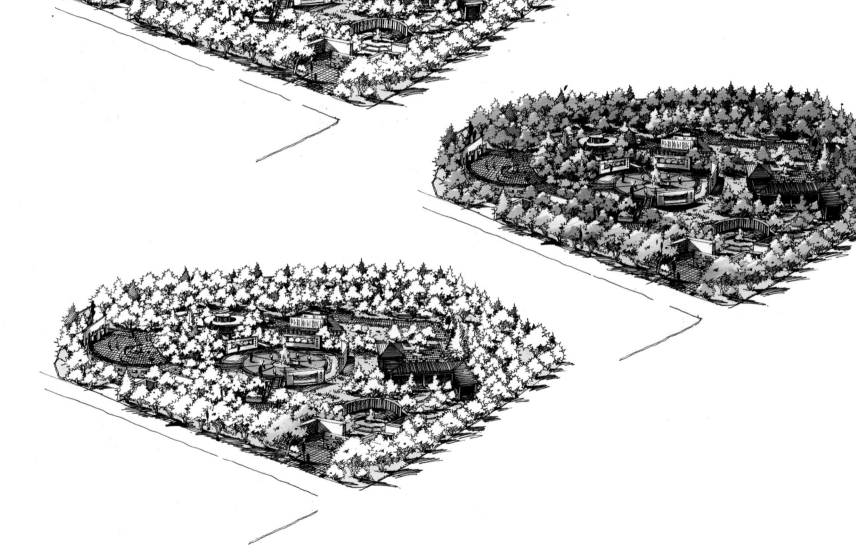

風景園林
快題解析

→ *3.6 文字说明*

3.6.1 文字标注

在图像符号表达不清的情况下，我们会采用文字标注来补充，例如，立、剖面图上建筑、景观、小品的标高，水体的水位线，平面图上出入口的标注，节点名称的标注，以及植物种类的标注等等，可以方便阅卷老师看到试卷中的主要信息。

3.6.2 设计说明

（1）事先想好自己的设计理念，做到心中有数；
（2）注意书写过程中一定要条理清晰，文字表达确切。

→ *3.7 经济技术指标*

风景园林规划设计快题常用的经济技术指标包括：

3.7.1 绿地率

绿地率（ratio of green space/greening rate）描述的是居住区用地范围内各类绿地的总和与居住区用地的比率（%）。绿地率所指的"居住区用地范围内各类绿地"主要包括公共绿地、宅旁绿地等。其中，公共绿地，又包括居住区公园、小游园、组团绿地及其他的一些块状、带状化公共绿地。

计算公式：绿地率 = 区域内的绿地面积 / 该区域用地总面积 × 100%。

一般来说，不同的用地类型其经济技术指标的要求不同，设计者需根据用地类型来规划自己的经济技术指标。

3.7.2 绿化覆盖率

绿化覆盖率（Green Ratio）指绿化植物的垂直投影面积占城市总用地面积的比值。

计算公式：绿化覆盖率 = 区域内的绿化覆盖面积 / 该区域用地总面积 ×100%。（其中"用地总面积"指垂直投影面积，不应按山坡地的曲面面积计算。）

3.7.3 绿化覆盖面积

注意所有植物的垂直投影面积只能计算一次，不得重复相加计算。

3.7.4 建筑面积

建筑面积亦称建筑展开面积，它是指住宅建筑外墙勒脚以上外围水平面测定的各层平面面积之和。它是表示一个建筑物建筑规模大小的经济指标。每层建筑面积按建筑物勒脚以上外墙围水平截面计算。

3.7.5 容积率

容积率是指项目规划建设用地范围内全部建筑面积与规划建设用地面积之比。

容积率 = 地上总建筑面积 ÷ 可建设用地面积

第 4 章

真题评析

→ *4.1 居住区环境景观*

4.1.1 设计原则

（1）社会性原则：以人为本，提倡公共参与，体现社区文化。

（2）经济性原则：注重节能、节水、节材，注重合理使用土地资源。

（3）生态性原则：保持现存良好的生态环境，改善原有的不良环境。

（4）地域性原则：体现所在地域的自然环境特征，营造具有地域特征的空间环境。

（5）历史性原则：对于历史保护地区的居住区景观设计，注重整体的协调统一，做到保留在先、改造在后。

4.1.2 景观结构布局

（1）高层住区：景观总体布局可适当图案化，即满足居民在进出时观赏的审美要求，又需注重居民在居室中向下俯瞰时的景观艺术效果。

（2）多层住区：采用相对集中、多层次的景观布局形式，保证集中景观空间合理的服务半径，尽可能地满足不同年龄层次的需求。

（3）低层住区：采用较分散的景观布局，使居住区景观尽可能接近每户居民。

（4）综合住区：根据住区总体规划及建筑形式选用合理的布局形式。

4.1.3 景观分类

（1）宅旁（间）绿化：小区中重要的"半私密"领域，是居民使用最频繁的室外空间，尤其是幼儿活动最多的场所。突出通达性、欣赏性和实用性。在近窗不宜种植高大灌木；在建筑的西面，需要种植高大阔叶乔木，对夏季降温有明显的效果。

（2）组团绿地：宅间绿地的延伸和扩大，适宜更大范围的邻里交往，满足居民户外活动的需要。

（3）隔离绿化：居住区道路两侧，公共建筑与住宅之间应设置隔离绿地（垃圾站、锅炉房、变电站、配电箱等），以减少交通造成的尘土、噪声及有害气体，有利于沿街住宅室内保持安静和卫生。

（4）架空空间绿化：利于院落的通风和小气候调节，方便居民遮阳避雨，并起到绿化景观的相互渗透作用。宜种植耐阴的花草灌木，局部不通风的地段可布置枯山水景观。作为户外活动的半公共空间，可配置适量的活动和休闲设施。

（5）屋顶绿化：屋顶宜种植耐旱、耐移栽、生命力强、抗风力强、外形较低矮的植物。

（6）停车场绿化：分为周界绿化、车位间绿化、地面绿化及铺装。

4.1.4 植物设计方法

（1）植物配植应注意乔灌木结合，常绿和落叶植物搭配，适当配植和点缀花卉草坪，创造出安静和优美的环境。

（2）植物种植种类不宜繁多，但也应避免单调。儿童活动场地可以考虑种植少量不同种类的植物达到便于儿童场地和道路的辨认。

（3）植物设计时，可充分利用植物形成大小不同的空间。

（4）由于居住区内直线条较多，如小区道路、建筑边缘、居住区围墙等。植物配植时可利用植物林冠线的起伏变化使直线与曲线相搭配。

（5）注重标志性植物栽植，如小区入口、道路两侧、主要居民活动节点区域等等。

（6）居住区是居民四季生活与休憩的场地，植物配植应有四季变化使之与居民生活同步。

4.1.5 相关规范

1. 绿地率

新区建设≥30%；

旧区改造≥25%；

种植成活率≥98%。

2. 种植土厚度控制

种植物	种植土最小厚度（cm）		
	南方地区	中部地区	北方地区
花卉草坪地	30	40	50
灌木	50	60	80
乔木、藤本植物	60	80	100
中高乔木	80	100	150

3. 道路宽度

小区路：路面宽5~8m；

组团路：路面宽3~5m；

宅间小路：路面宽不宜小于2.5m；

园路：不宜小于1.2m。

4. 消防通道要求

为给火灾扑救工作创造方便条件，保障建筑物的安全，应在小区高层建筑周围设置环行消防车道，当环形车道有困难时，可沿高层建筑的2个长边设置消防车道。

当建筑的沿街长度超过150m或总长度超过220m时，应在适合位置设置穿过建筑的消防车道，为防止火灾时建筑构件塌落影响消防车道正常作业，消防车道距外墙宜为5m，至少达到3.5m宽，消防车道宽度不应小于4m，消防车道上空4m以下范围内不应有障碍物，并保持24小时畅通。

穿过高层建筑的消防车道，其净宽和净高均不宜小于4m。消防车道与小区高层建筑之间，不应设置妨碍登高消防车操作的树木、架空管线等。

5. 游乐设施设计要点

沙坑：一般规模为 10~20m²，沙坑深 40~45cm，沙坑四周应竖 10~15cm 的围沿。

游戏墙：墙体高控制在 1.2m 以下，墙体顶部边沿应做成圆角，墙下铺软垫。

迷宫：由灌木丛或实墙组成，墙高一般在 0.9~1.5m 之间，以能遮挡儿童视线为准，通道宽为 1.2m。

6. 围栏、栅栏设计高度

功能要求	高度（m）
隔离绿化植物	0.4
限制车辆进出	0.5~0.7
标明分界区域	1.2~1.5
限制人员进出	1.8~2.0
供植物攀缘	2.0 左右
隔噪声实栏	3.0~4.5

4.1.6 华东地区某市居住区环境设计

1. 基地概括

华东地区某市为改善市民居住条件，新建了一处欧陆风格的居住小区，淡茶红色的墙面、白色塑钢窗框、浅绿色的玻璃、每户 100~140m²，户型安排合理、房间均向阳。该小区北临城市干道、西邻城市次干道。小区由前后两排楼房组成，前排由 3 幢 12 层与 7 层的塔楼组成，后排由 3 幢 12 层塔楼与 7 层群楼组成，其地下为车库，一、二层是公建、综合性商场、超级市场、连锁店等。小区实施封闭式管理、主入口设于东侧、紧邻居民委员会文化活动中心，次入口在南侧，为门廊式入口，主要作为消防通道，平时关闭。小区主要居住人群为一般工薪阶层，文化程度较高。

2. 设计要求

（1）创造优质环境，既满足户外休闲活动要求，又要体现其自身特色，不与一般小区绿化雷同；

（2）结合地形和建筑群的风格，结合中国造园理念，创现代居住环境；

（3）环境绿地率应在 50% 以上，植物材料宜以当地能生长的本气候带常用树种为主，不追求种类丰富。

3. 成果要求

（1）总平面图，1：500（要标出种植类型）；

（2）竖向设计图，1：500；

（3）总体设计中要有重要布局，如主要景点、主入口区等，面积为 2000m² 左右。绘制技术设计图，1：100（应包含种植施工设计图）；

（4）作全园鸟瞰图及透视效果图各 1 张。

用地总面积：14000m²
建筑总占地面积：4000m²
南栋建筑室内标高：+31.4
北栋建筑室内标高：+29.4

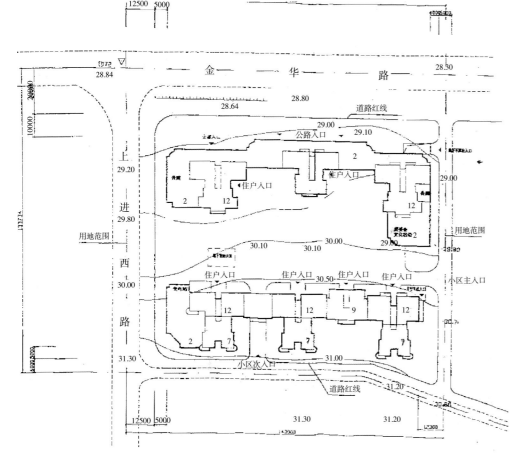

4. 时间要求

设计时间为3小时。

审题指导

本设计要求设计者对居住小区环境设计有比较清晰的理解，需对小区内部交通、设施进行准确安排与组织。该设计区域主要分为3个部分：北侧靠近公建，以商业活动为主，因此应该设有足够面积的铺装，用于人员集散；宅间地块，为整个小区绿地的核心，住户主要活动应该集中在此；南侧，主要以隔离城市道路干扰作用为主，兼顾植物绿化展示功能。

在对该题各区域进行设计时，需要注意以下几个问题：

（1）建筑为欧陆风格，小区绿化需与建筑风格相统一；

（2）核心区域地形虽然高差不大，但需要在设计中考虑原地形的竖向变化；

（3）考虑消防出口对环境的影响，以及消防通道、消防登高面、回车场等规范；

（4）注意地下蓄水池的位置，该区域不能设置构筑物或乔木，以便日常维护管理；

（5）注意公共建筑，如变电站与活动中心周边处理的不同方式；

（6）植物种植重点因受建筑光照问题影响，需要偏向核心区域北侧阳光充足区域。

快题設計

設計説明：欧陆风格的建筑配以现代
复古的园林景观之美，结合中国传统的设计手法使
整个小区具有典雅又简洁的气息。传统的造园手法
使景观组织得更丰富更有意味。
罗马马式大门建筑使人眼前一亮，喷泉和的景
墙作为隆景和构图导向引到游人进入景观源处，下沉
的户外廊满足集散之功能，在交互功能上使得远处
的景观空间感更强。

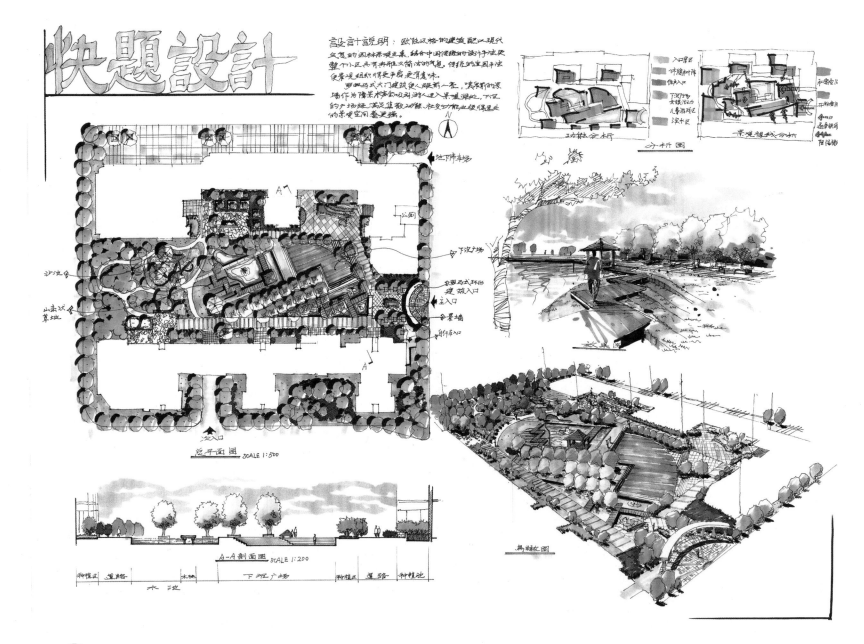

功能分析
分析图
景观视线分析

总平面图 SCALE 1:500

A-A剖面图 SCALE 1:200
种植区 道路 木桥 下沉广场 种植区 道路 种植池
水 池

鸟瞰图

解答 ❶ 点评

　　方案整体性强，功能完善，空间层次较为丰富，小区入口形式亦体现欧陆风格，手绘表现娴熟。
　　不足之处，小区核心区域西侧自然式设计手法和中心几何式设计方式过渡生硬。

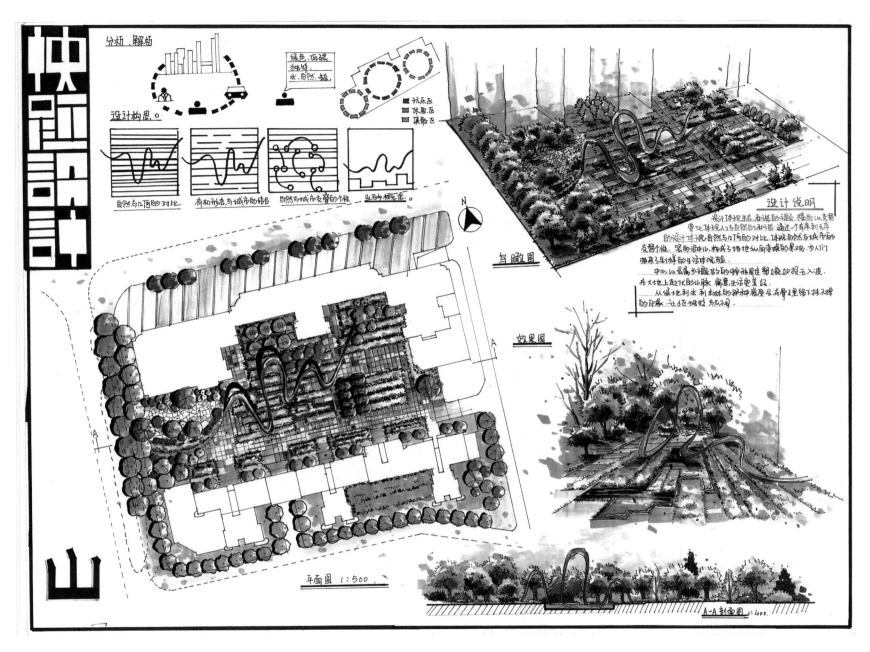

快题高分 山

方案结构明确，形式统一，设计较为大胆。分析图能准确表达设计者的思考过程和意图。

不足之处，小区核心区域功能不明确，停留活动空间不足。中心主体构筑物由平面转为效果图时体量刻画不准确。

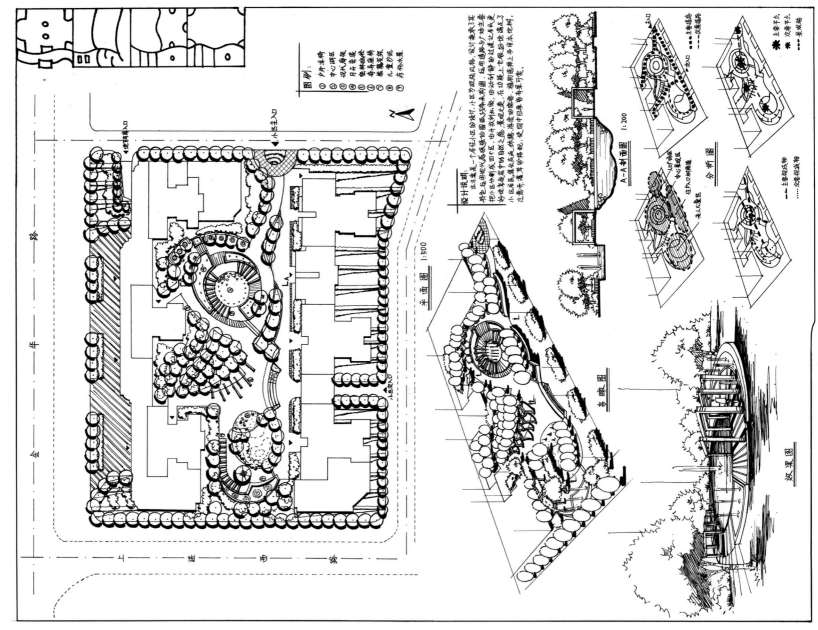

解答 ③ 点评

方案图纸表达清晰,尺度控制得当,设计主要区域表现突出。

不足之处,3块区域设计无联系性,整体不强,且消防回车问题考虑不足,小区活动中心没有设计人流出入口。

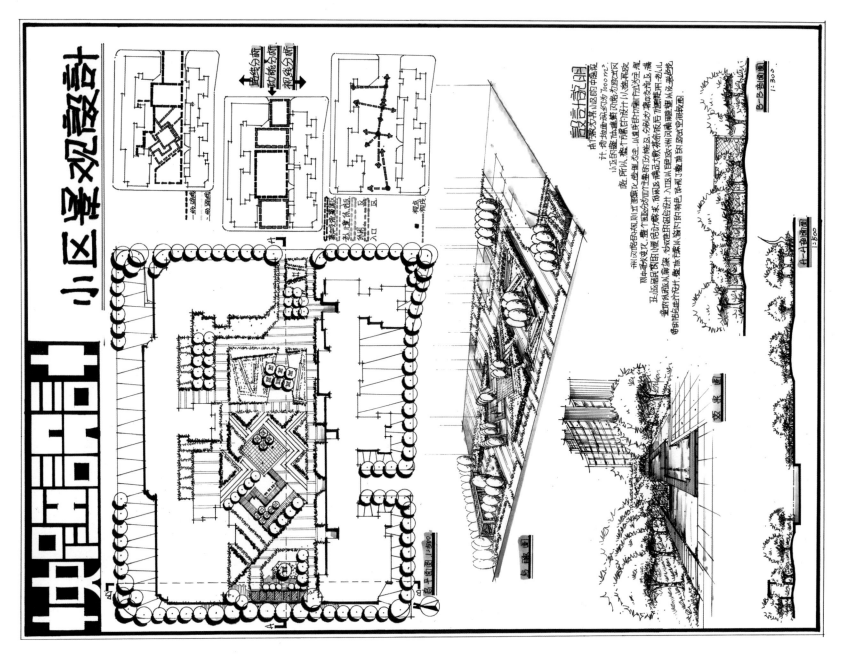

景观高分快题 小区景观设计

设计说明

（手写说明文字）

解答 点评

方案通过折线的构图变化使设计表达比较完整，制图比较规范。

不足之处，南侧区域硬质铺装过多，与城市道路隔离性不强。活动中心周边活动区域不足，变电站周边空间设计又过于开敞，无遮挡。

4.1.7 公寓住宅小区环境设计

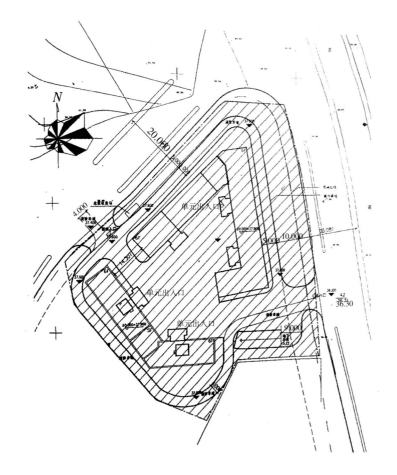

1. 基地概况

某长江中下游城市的公寓住宅小区，基地范围、基地周边城市道路走向、宽度如图。

基地范围内消防通道、建筑布置、层数及各个单元入口图中已经确定，规划及建筑设计所确定的基地内外标高和建筑正负零标高如图所示。

2. 设计要求

针对所给用地范围（斜线部分），完成该地块的景观设计，包括小区的 2 个入口、中心场地及各个单元入口的景观设计。同时，要求基地内布置一个儿童游戏场、一个休息亭或廊。不考虑地面停车。

3. 成果要求

（1）总平面图（含种植设计）、剖面图（表达竖向设计），1：300；

（2）中心景观的透视表现图；

（3）儿童游戏场景观节点设计的详细平面，1：200。

4. 时间要求

设计时间为 3 小时。

审题指导

本设计区域不大，地块不规则。区域主要分为 3 个部分，宅间区域为

设计核心区域，注意考虑居民的活动需要，单元入户区域的开敞和明晰性；宅旁绿地区域，在不影响消防作业的同时，须兼顾居民的散步休闲需求以及城市道路的隔离防护作用；小区主次入口设计，在有详略设计区分的前提下，突出小区特点。

在对该题进行设计时，需要注意以下几个问题：

（1）儿童游戏场需距离地下车库入口、小区出入口一定距离，以保证儿童的安全；

（2）主入口的设计不能堵塞小车进出地下车库的交通；

（3）做好公共设施的隔离处理，如次入口旁的垃圾站周边绿地处理。

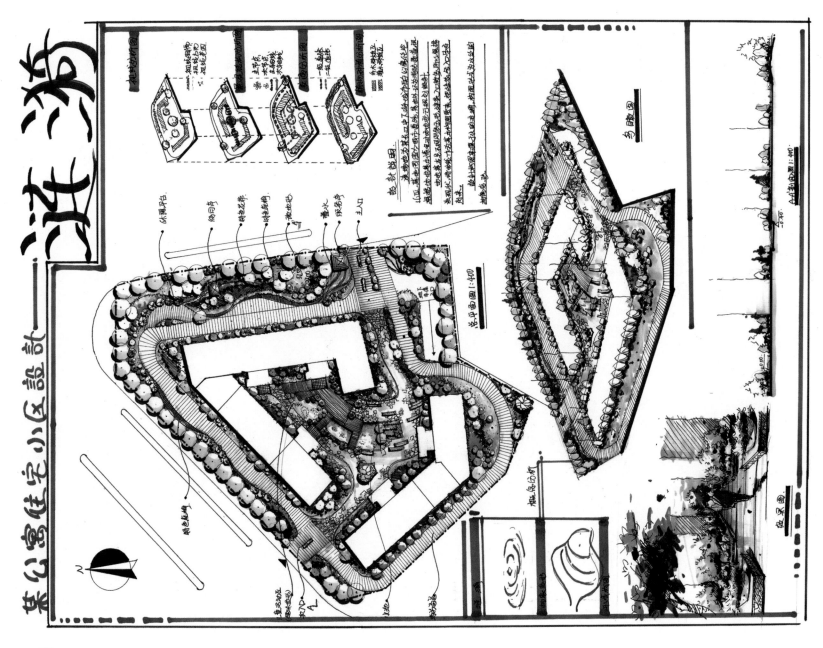

解答 ① 点评

　　方案整体性强，设计形式较为统一，合理利用小区绿地，达到居民在中心区域聚会活动、在周边绿地散步休闲的目的，手绘表达效果较为突出。

　　不足之处，主次入口设计详略程度应该有所区分，题干所要求设计的"儿童游戏场地"在平面图中体现不够突出。

风景园林
快题解析

唐风雅韵

某公寓住宅小区设计

鸟瞰图

概念分析

交通分析

效果图一

效果图二

小型水景

书墙

亭廊构筑

山石状草地

旱溪景观

主入口

花境

花台喷泉

儿童游戏场平面图 1:300

灌草结合

中心喷泉

总平面图 SCALE 1:500

设计说明

• 该设计是公寓住宅小区设计,基地周围为城市道路,基地外环为消防车道。

• 场地设计风格为新古典主义,运用了大量草地,喷泉以及微地形,整个场地分为一个动区域,一个静区域以及儿童场地,并利用日式枯山水中旱溪的符号,使整个场地动静结合,极富有禅意。

A—A′剖面图 1:200

解答 ② 点评

方案最大限度地利用宅间绿地满足居民使用,功能明晰。手绘表现技法娴熟,空间尺度表达清晰准确,排版较为合理。

不足之处,在小区防护绿地场地空间较大的区域没有加以利用,可适当设计居民停留空间,进而增加该小区居民的活动区域面积。

一方天地 —— 时尚社 职工公寓 景观设计

设计说明：

1.方案报社职工公寓设计景观绿化，采用活泼的印刷体块元素，应用于平面上。

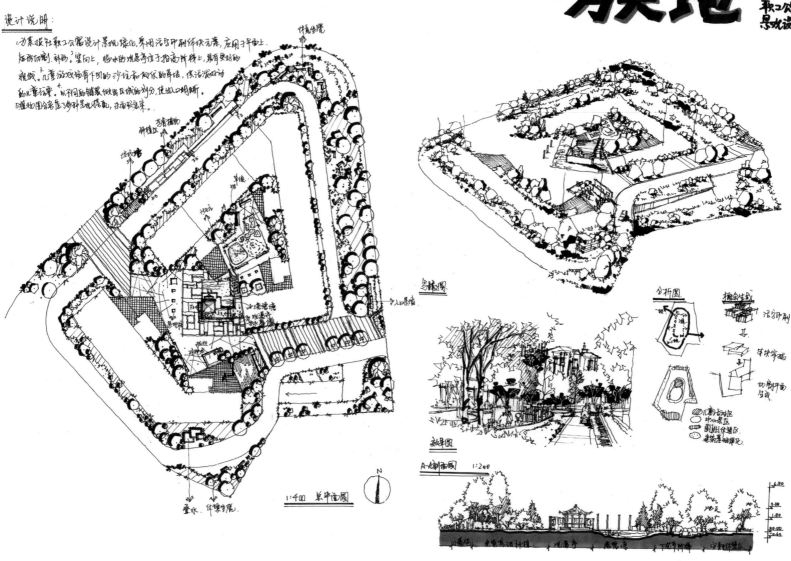

1:400 某平面图

解答 ❸ 点评

方案以宅间绿地为住户主要活动中心，防护绿地及其他附属绿地设计不同的小空间来兼顾居民休息、个人活动的功能需求，空间变化较为丰富。

不足之处，小区的主次入口作为小区绿地的重点设计区域在该方案中设计过于简单，且各个绿地区域设计统一性不强。

→ 4.2 校园绿地

校园环境形象不同于其他文化性、商业性环境，它承载着人文历史的传承，是学生接受知识的场所，典雅、庄重、朴素、自然应该是其本质特征。不同功能区域的环境可以通过不同的设计手法来处理，诠释对校园精神的理解，从而反映校园的多元性、自由性，兼容并蓄，记载不同时期校园发展的历程。校园景观规划更注重内外部空间的交融，强调空间的交往性。校园不仅是传授知识职能的教育场所，也是陶冶性情、全面发展的生活环境。校园通过环境的景观化处理使校园在满足感官愉悦的同时，可为校内师生提供娱乐、交流、休闲的场所，实现舒缓压力、疏松心理的作用，具有人文韵味的景观还寓教于乐，这是校园的一种文化潜力，亦即校园的"场所精神"。

4.2.1 设计原则

（1）文化：每所校园都有自己的文化和历史，进行景观设计时，要把握校园历史的延续，保留文化的部分，应适当地考虑将校园的文化、历史体现在校园的环境设计中。让师生在其中能感受到学校的文化气息。

（2）学习：为学生提供一个更加舒适的学习环境。

（3）交通：校园师生众多，要让校园内的道路既能疏导交通，又能让穿越其中的师生感受经过设计的环境美丽，尽量减少无效的道路设计。

（4）休闲娱乐：校园设计应考虑供学生、师生交流的场所和空间。

（5）生态发展：可持续、低耗能、生态环境是目前景观设计所追求的一个目标，也是校园环境设计应遵循的原则。

（6）心理需求：通过道路、构筑物、植物的合理规划创造一个良好、和谐的校园环境，会让身处此环境中的人产生良好的视觉效果和心理联想。

4.2.2 设计分类

校园入口——整体、开放；

学校中心区——简洁、大气；

教学楼——优美、安静；

学生生活区——简单、有序；

学校休闲区——简洁、流畅；

运动场区——整齐、开敞；

周边道路——节奏、序列。

4.2.3 相关规范

（1）绿地率

绿地率≥35%；栽种和移植的树木成活率大于90%。

（2）容积率

用地面积大于100hm²时，容积率一般为0.8~0.9；用地面积大于50hm²且小于100hm²时，容积率一般为0.8~1.2；用地面积小于50hm²时，容积率一般为1.2~1.6；中心城外地区普通高校用地的容积率一般为0.6～0.8。

（3）校区非机动车道路、地面停车场和其他硬质铺地采用透水地面，利用园林绿化提供遮阳。室外透水地面面积比不小于55%。

（4）合理开发利用地下空间，停车场设计合理，集中（地下或半地下）停放率大于60%。

（5）校园出入口到达公共交通站点的步行距离不超过500m。

4.2.4 校园绿地设计实例

1．基地概况

某校园拟新建一处绿地以供学生休憩，其周围环境条件如下图所示。场地为直角三角形，两边长度分别为30m和20m。场地中已有一三角形平顶亭和一些乔木、灌木。绿地中拟增设一块20~30m²的硬质场地以及进出景点的道路，也可酌情增设小水景和景观墙等内容。请按照所给条件和图纸完成该绿地的设计。

2．设计要求

（1）图面表达正确、清楚，符合设计制图要求；

（2）各种园林要素或素材表现恰当；

（3）考虑园林功能与环境的要求，做到功能合理；

（4）种植设计应尽量利用现有植物，不宜做大的调整。

3．成果要求

（1）平面图，1：100；

（2）立面图，1：100；

（3）剖面图，1：50；

（4）透视图或鸟瞰图1幅；

（5）不少于200字的简要说明。

4．时间要求

设计时间为3小时。

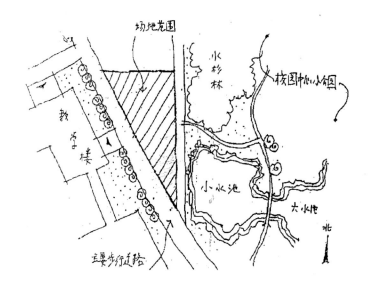

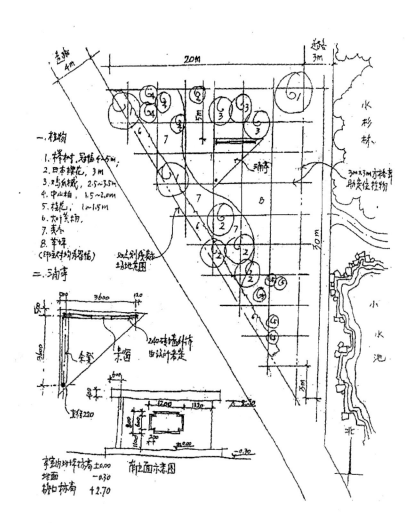

审题指导

该设计为校园一小块绿地，其功能性是为学生提供休憩的场所以及通往校园中心公园的过度空间。在设计中虽然地块不大，但必须充分考虑周围环境。设计区域西侧为主教楼，因此在考虑主要人流进出的同时，还需做一定的隔离措施，以达到绿地安静休憩的功能。东北侧有水杉林，在借景水杉优美树形的同时又可达到空间围合的目的。东南侧的小水池则可以起到视线开阔和借景的作用。

在对该区域进行设计时，需要注意以下几个问题：

（1）充分分析区域中间保留的亭子立面图，确定进出亭子的唯一路线，
　　　且注意高差；

（2）亭子有景窗，说明透窗可以看到景点；

（3）植物不宜做大调整，但并不是绝对不能移动,植物种植可以稍加改动；

（4）铺装增设面积不能超过题干要求。

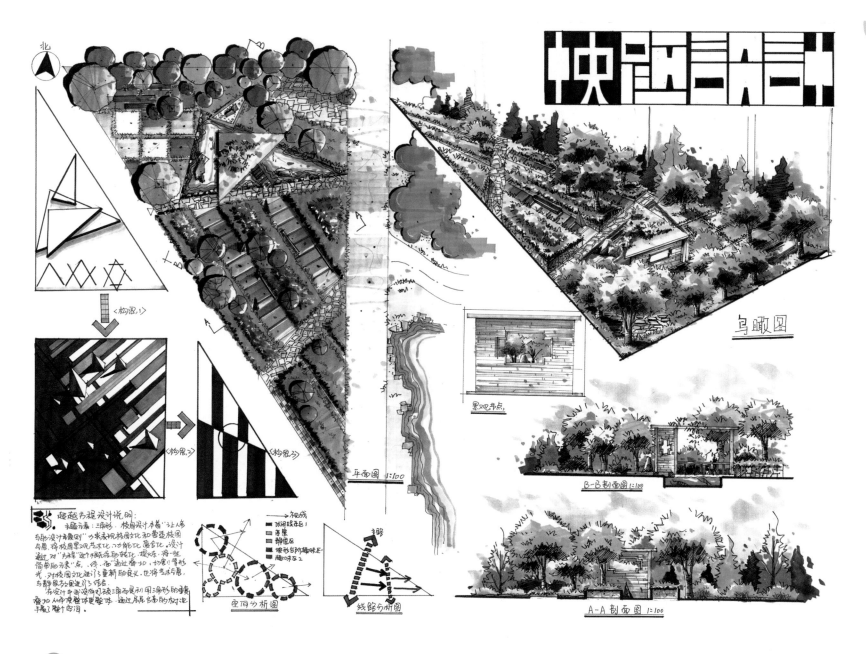

鸟瞰图

景观节点

B-B剖面图1:100

A-A剖面图1:100

平面图1:100

空间分析图

线路分析图

 **解答 1 点评**

该方案排版紧凑，有较强的手绘功底，表现技法娴熟，表达清晰。

不足之处，没有充分考虑设计产地周围环境特点，与环境结合性不强，空间形式稍显单一。

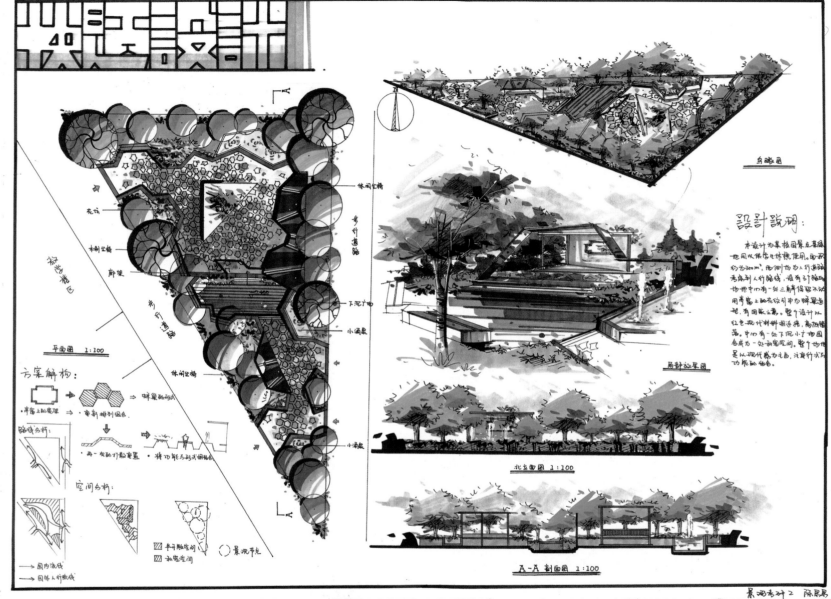

解答 **2** 点评

该方案设计上有一定特点，通过红色构架的形态变化，串联了景观节点，并将整个地形区域结合起来。

不足之处，增设的铺装面积偏大。休息亭与周围铺装衔接考虑过于简单。

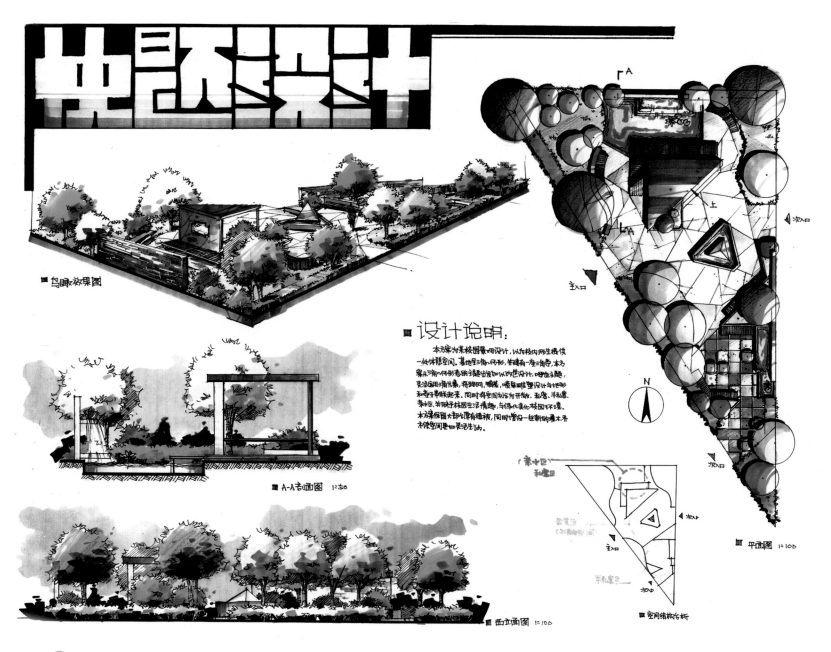

专题设计

鸟瞰效果图

■ 设计说明：

本方案为某校园景观设计，以为校内师生提供一处休憩空间。基地呈三角八字形，并建有一座三角亭，本方案从三角八字形态特征主题出发加以构思设计，巧妙地将灵活运用三角元素，将铺装、喷泉、雕塑设计与场地和空间串联起来。同时将空间划分为开敞、私密、半私密等分区，并附有林园生活情趣地，与绿化美化校园环境。本方案保留大部分原有植被，同时增设一丝新的乔灌木使空间更加灵活生动。

A-A剖面图 1:50

西立面图 1:100

N

空间结构分析

平面图 1:100

解答 ③ 点评

该方案设计者手绘功底较好，图纸表达准确、清晰，颜色运用得当。

不足之处，设计缺乏亮点。设计场地对周围环境考虑不足，空间围合性不强，达不到学生休憩的目的。

生長的景观 — The Growing Greens

问题与解决 Problems & solvings

·道路不清晰,交通受阻.
→去除障碍物,确保物道

·布局不清晰,活动场地混乱.
→利用竖向进行分区,明确功能

·地块无特色,使人印象模糊
→建立区域特征,彰显校园文化

概念分析 Concept analysis

校园 → 知识的渗透与生长 → 平面的渗透 + 竖向的生长

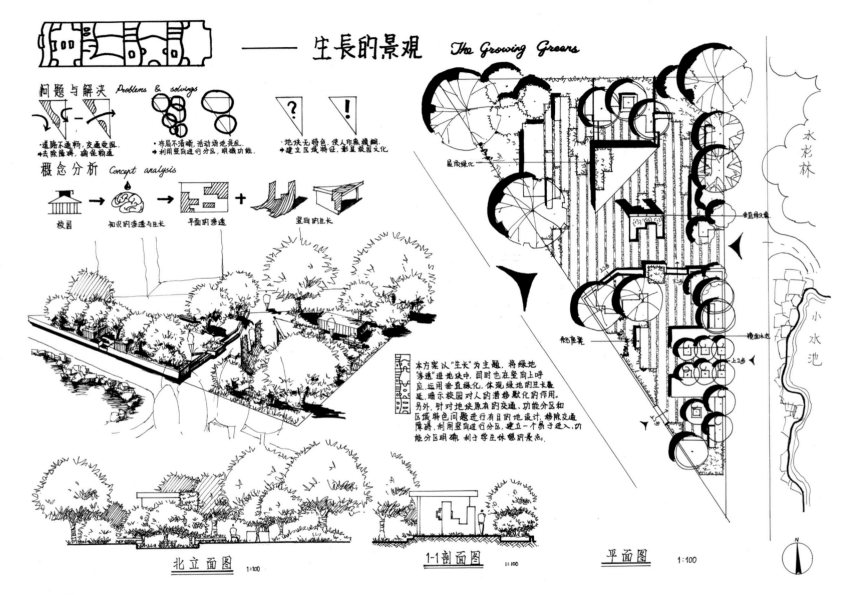

本方案以"生长"为主题,将绿地渗透进地块中,同时也在竖向上呼应,运用垂直绿化,体现绿地的生长蔓延,暗示校园对人的潜移默化的作用。另外,针对地块原有的交通、功能分区和区域特色问题进行有目的地设计,移除交通障碍,利用竖向进行分区,建立一个易于进入,功能分区明确,利于学生休憩阴景点.

北立面图 1:100

1-1剖面图 1:100

平面图 1:100

解答 ④ 点评

该方案设计立意新颖,能很好结合校园环境特点。图纸阴影处理得当,概念分析表达准确。铺装设计和休憩亭结合较巧妙。
不足之处,平面图中植物层次稍显单一,缺少中下层植物的种植。鸟瞰图角度选择不好,主体构筑不突出。

4.2.5 某校园户外生活空间设计

1. 设计目的

某学校校园户外生活空间设计（基地概况如图所示）。

2. 设计要求

请根据所给设计基地的环境、位置和面积，完成设计任务。具体内容包括：场地分析、平面布局、主景设计、竖向设计、种植设计、铺地与小品设计以及简要的设计说明（文字表述内容包括基地所在的城市或地区名称、总体构思、空间功能、观景特色、主要材料应用等）。设计基地所处的城市地区大环境由考生自定（假设）。设计表现方法不限。

3. 成果要求

（1）图纸规格：请使用 A2 绘图纸；
（2）图纸内容：平面图、主要立面图与剖面图、整体鸟瞰图（或主要景观空间透视效果图）。

4. 时间要求

设计时间为 3 小时。

审题指导

该设计要求不多，地形也较平整，为一校园户外生活空间场地。在充分考虑使用者校园生活功能要求的同时，根据场地分析，需要注意以下几点：

（1）场地中间的三棵乔木保留并不是简单地保护，而需要充分地利用其景观功能，更好地满足户外生活的要求；
（2）准确分析周围环境，户外生活区域不仅要突出北侧校园宿舍的特点，西侧的办公楼和南侧的教学楼边界区域的不同处理也需要考虑。

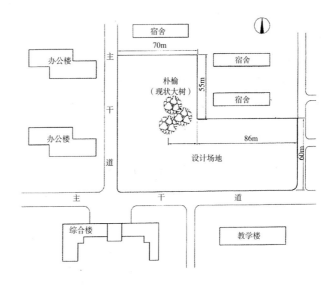

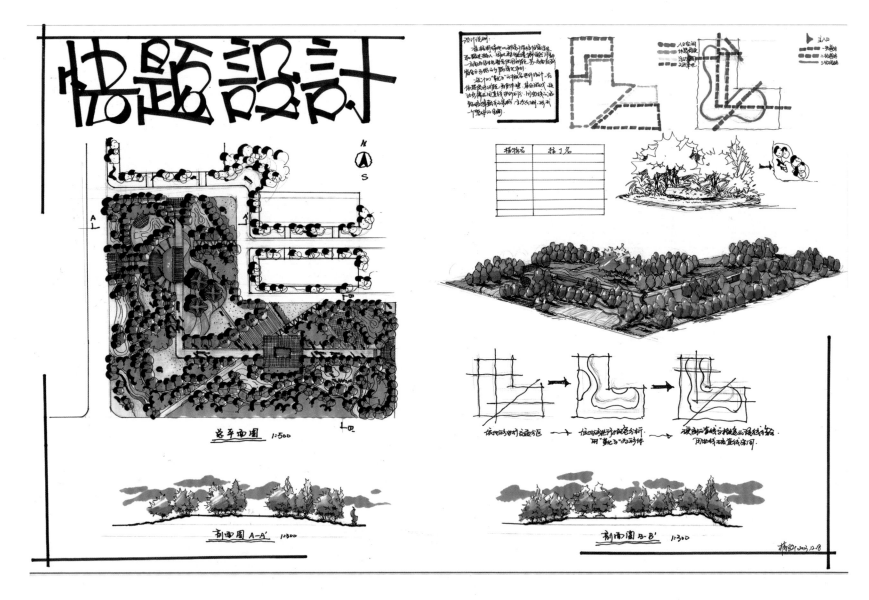

总平面图 1:500

剖面图 A-A' 1:300

剖面图 B-B' 1:300

解答 ① 点评

该方案铺装与绿地结合比较紧密, 整体性较强。图纸表达较好, 主体突出。

不足之处, 周围环境考虑欠佳, 根据人流分析, 开放性的空间布置应更靠近办公楼与教学楼区域。

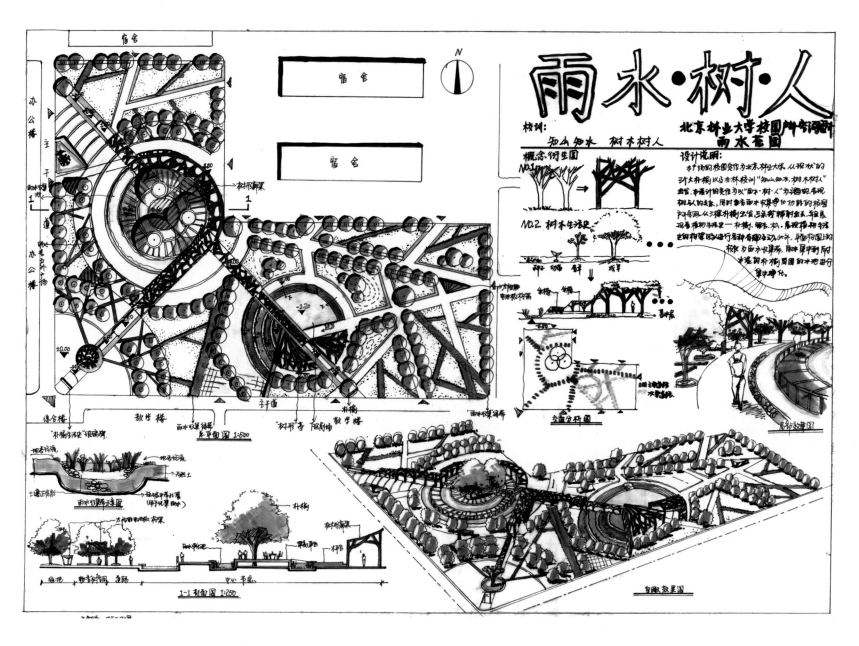

雨水·树·人

北京林业大学校园牌舍调研
雨水花园

解答 ❷ 点评

该方案设计概念新颖，主题明确。通过平面构图以及主体构筑物的设计体现主题以及该绿地所在学校特色。

不足之处，道路的设计以及带状绿篱的添加将整个空间划分过于破碎，整体性不强，且在与周围环境的呼应上考虑不足，靠近宿舍的区域根据其特点空间应该更加私密、围合。

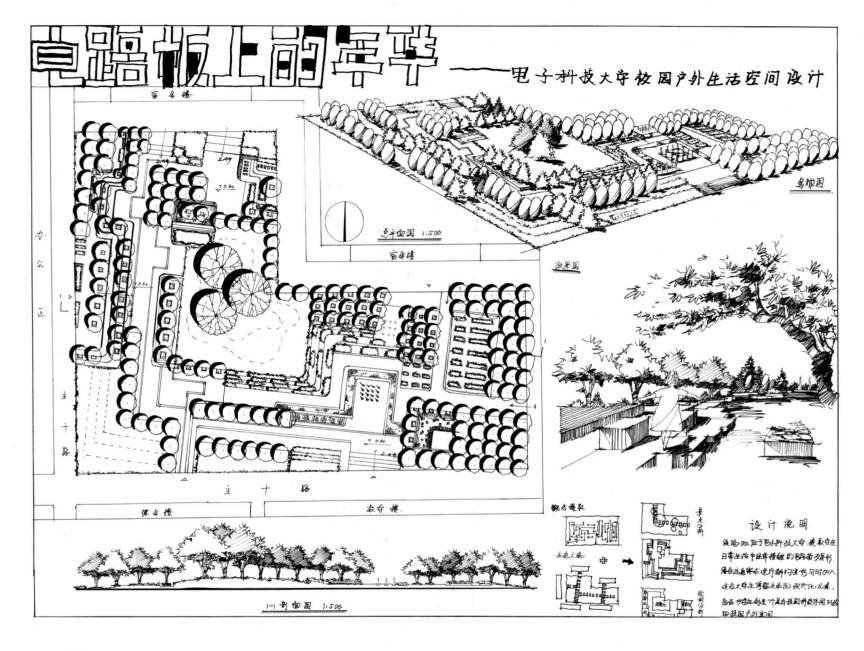

解答 ③ 点评

该方案设计思路明确，通过平面设计能很好地切合主题，将绿地主要道路设计与红线边界形成一定角度使得设计更加灵活。绿地中大部分植物采用列植，强调空间的规整感。排版紧凑，制图清晰。

不足之处，园区内三棵主要植物只是简单保留，没有更好地加以利用，剖面图绘制不够准确。

4.2.6 某高校绿地设计

1. 基地概况

北京某大学艺术学院建筑位于该大学西北角,周围树林密布,环境优美。艺术学院建筑占地面积约为 18000m²,共有 3 层,为钢筋混凝土框架结构,立面材料为混凝土墙面、玻璃和杉木条遮阳板。

建筑内有门厅、教室、办公室、管理室、图书资料室、研究室、会议室、报告厅、展览厅、小卖部、茶室等功能空间。自由开放的空间和随处布置的休息场所,使建筑不仅成为学院的教育设施,更是学院师生交往和聚会的场所,人们可以在这里交流、学习、休息。

建筑的核心是 3 个庭院,其中西部和中部的两个庭院是可以进入的,而东部的庭院因为面积较小,所以除管理外平时不能进入。在建筑内部主要位置都能欣赏到庭院的景色,3 个庭院也为建筑营造了轻松的氛围。

2. 设计要求

建筑的 3 个庭院都必须设计,设计时要充分考虑从建筑内部观赏 3 个庭院的视觉效果,东部和中部两个庭院要考虑使用功能,使它们成为良好的交流、休息的场所。

3. 成果要求

设计中所有内容均在 1 张 A1 图纸上完成。试题中有 1 份建筑一层平面图,方格网为 10m×10m,首先在 A1 图纸上将这张平面图放大到 1:300大小(只需画建筑的轮廓线,建筑内部的房间可不表示),然后完成 3 个庭院的设计,图纸表现形式不限,内容包括:

(1)平面图,1:300,其中植物只需表示植物类型,不标树种;

(2)局部透视图 1 张。

4. 时间要求

设计时间为 3 小时。

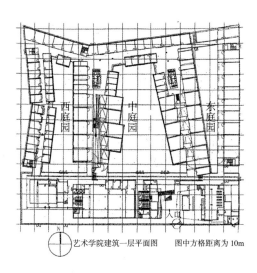

艺术学院建筑一层平面图　　图中方格距离为10m

审题指导

该设计尺度较小,对于空间结构和功能内容的处理比较简单。设计中应重点把握校园庭院的作用,绿地与建筑关系的同时注意以下几点:

(1)环境设计应突出艺术类院校的特点;

(2)植物种植需考虑不影响一层房间的通风采光;

(3)三个庭院应存在一定的逻辑联系,使之成为一个整体

(4)东庭院不需通行,但要考虑师生从高层往下看的景观效果,因此需要一定的平面图案设计。

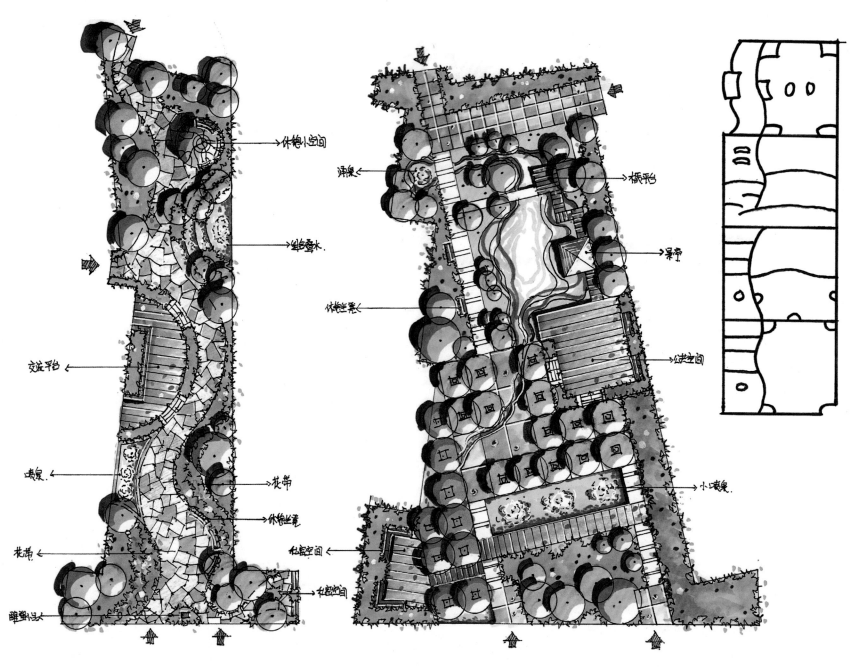

休憩小空间

涌泉

样平台

叠水

景亭

休闲座凳

交流平台

公共空间

涌泉

花带

小喷泉

休憩坐凳

花带

私密空间

私密空间

醒目标志

设计说明

本案为建筑庭院设计，更贵为钢筋混凝土框架结构，现代、典雅、明快。该其庭院设计采用规则式构图。三个庭院分别运用了圆弧、方形、三角形三种简单元素进行设计。并利用树丛、水体、竖向设计划分空间。构建出各式的公共空间、半私密空间以及私密空间来满足作业的休憩、交流、休闲等需求。

管理者

组合叠水

管理者通道

小叠喷泉

花钵

东庭平面图
Scale: 1:300

左振君

解答 ❶ 点评

该方案三个庭院各具特点，在构图方式上又有联系，功能互补。
不足之处，排版不合理，尽量将三个平面放在一个版面。局部效果图空间表达不准确，不像建筑中庭更像是公园一角落。

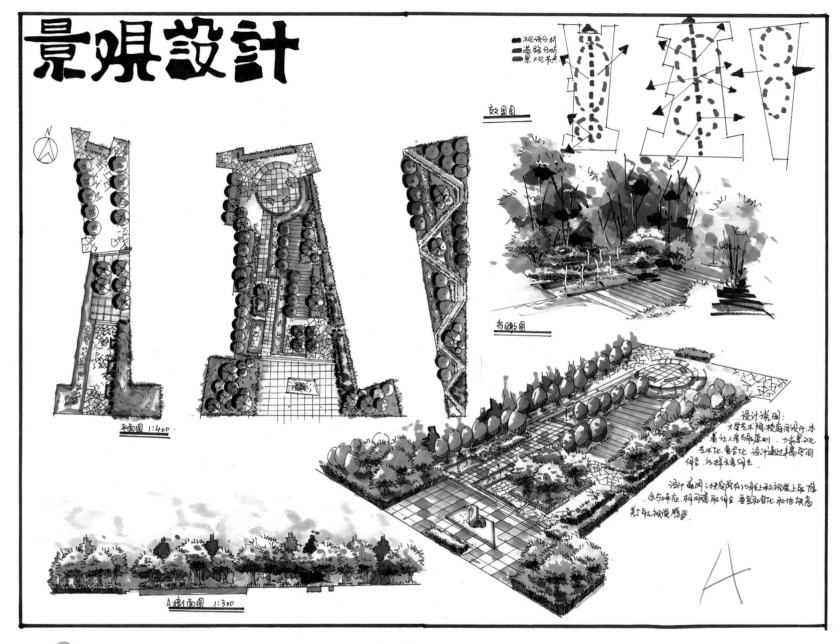

景观设计

解答 **2** 点评

该方案整体性强，手绘表现突出，排版紧凑，三庭院在设计方法和元素运用上有一定联系。

不足之处，三个庭院空间功能太过相同，还应加强对主要节点细节的处理。

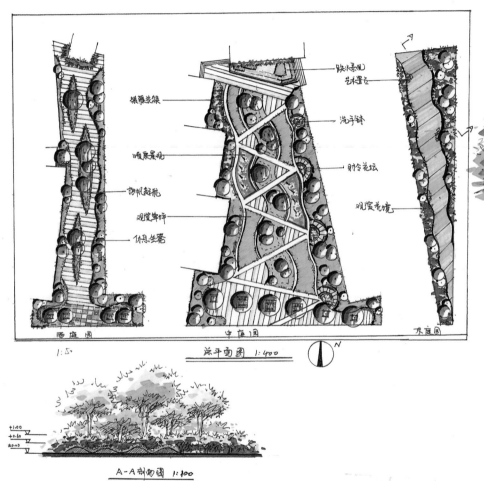

解答 **3** 点评

该方案设计立意新颖，与不同的庭院功能和校园景观环境比较契合，图纸绘制清晰准确。

不足之处，主庭院铺装面积过于分散，集散功能不突出。

→ *4.3 城市广场*

广场的广义形态可分为两大类：第一类，是以内部的空间为特征的有限定的场地。这种场地，是由围合物、覆盖物所形成的空间场所或场地。第二类，是以外部的空间为特征的无限定的场所、场地。这种场所、场地是由围合物而无覆盖物所形成的空间场所、场地。

城市广场主要是位于城市中心区内的以硬质为主的户外空间，它一般由建筑物、街道、绿地和水体等围合或限定形成的具有一定规模的城市公共活动空间。

4.3.1 广场分类

（1）集会性广场：政治广场、市政广场、宗教广场等。

一般用于政治、文化集会、庆典、游行、检阅、礼仪、传统民间节日活动。常位于城市中心地区，是反映城市面貌的重要区域。广场形式为矩形、正方形、梯形、圆形或其他几何形的组合。其相接道路的交通组织甚为重要，应避免主干线上的交通对广场人员活动的干扰。

（2）纪念性广场：纪念广场、陵园、陵墓广场。

广场中心或侧面以设置突出的纪念雕塑和纪念性建筑作为标志物，主体标志物应位于构图中心。通常具有很强的艺术表现力，以纪念历史上的某些人物或事件作为主题和背景。设计中应体现良好的观赏效果，以供人们瞻仰，并且应充分考虑绿化、建筑小品等，

使整个广场配合协调、形式庄严、肃穆的环境。

（3）交通性广场：站前广场、交通广场等。

交通广场是城市道路交通系统的组成部分，交通连接的枢纽，起着交通、集散、联系、过渡及停车作用。

（4）商业性广场。

用于集市贸易、购物的广场，设计中常在商业中心区以室内外结合的方式把室内商场与露天、半露天市场结合在一起。以人行活动为主，合理布置商业贸易建筑、人流活动区。广场的人流进出口应与周围公共交通站协调，合理解决人流与车流的干扰。

（5）文化娱乐休闲广场：音乐广场、街心广场。

文化休闲广场通常会有各自的主题，广场的活动内容主要是市民的休憩、交往和各种文化娱乐行为，因此具有欢快、轻松的气氛。

（6）儿童游戏广场。

（7）附属广场：商场前广场、大型公共建筑前广场等。

4.3.2 设计原则

贯彻以人为本的人文原则；

把握城市空间体系分布的系统原则；

倡导继承与创新的文化原则；

重视公众参与的社会原则；

突出个性创造的特色原则；

体现可持续发展的生态原则。

4.3.3 设计手法

1. 轴线控制手法

　　轴线是不可见的虚存线，但它有支配广场全局的作用，按一定规则和视觉要求将广场空间要素，依据轴线对称关系设计．使广场空间组合构成更具条理性。

2. 母题设计手法

　　广场形式的母题设计手法使用最为普遍。通常运用 1 个或 2 个基本形作为母题基本形，在其基础上进行排列组合、变化，使广场形式具有整体感，也易于统一。

3. 隐喻、象征手法

　　运用人们熟悉的历史流传典故和传说的某些形态要素，重新加以提炼处理，使其与广场形式融为一体，以此来隐喻象征表现文化传统意味。使人产生视觉上的、心理上的联想。

4. 特异变换手法

　　广场在一定的形式、结构以及关联的要素中，加入不同的局部的形状、组合方式的变异、变换，以形成较为丰富、灵活和新奇的表现力。

4.3.4 相关规范

1. 广场排水

　　广场排水应考虑广场地形的坡向、面积大小、相连接道路的排水设施，采用单向或多向排水。广场设计坡度，平原地区应小于或等于 1%，最小为 0.3%；丘陵和山区应小于或等于 3%。地形困难时，可建成阶梯式广场。与广场相连接的道路纵坡度以 0.5 ~ 2% 为宜。困难时最大纵坡度不应大于 7%，积雪及寒冷地区不应大于 6%，但在出入口处应设置纵坡度小于或等于 2% 的缓坡段。

2. 植物种植

　　集会广场周边宜种植高大乔木。集中成片绿地不应小于广场总面积的 25%，并宜设计成开放式绿地，植物配置宜疏朗通透。

　　车站、码头、机场的集散广场绿化应选择具有地方特色的树种。集中成片绿地不应小于广场总面积的 10%。

4.3.5 市民广场景观设计

1. 基地概况

广场用地位于某中等城市（南方或北方由设计者自定）的滨江区域，南邻跨江大桥引桥，东面与北面为居住小区。设计范围包括两部分，主体部分周边分别为景怡路、同济路、观乐路和小区围墙，面积约为20000m²，滨江部分位于同济路与江岸路之间（包括引桥下空间），面积约为8000m²。

2. 设计要求

广场主要应满足市民和游人户外休闲的需求，无大型集会的需求。建筑、道路、水体、绿地的布局没有限制，但绿地率应控制在60%以上，建筑密度应控制在2%以内。应统筹环境生态绿化、视觉景观形象和大众行为心理三个方面内容进行景观设计。

3. 成果要求

（1）总平面图1：500；

（2）表达设计构想的分析图（比例不限，内容自定）；

（3）剖面图；

（4）反映空间意向的效果图；

（5）文字说明。

4. 时间要求

设计时间为3小时。

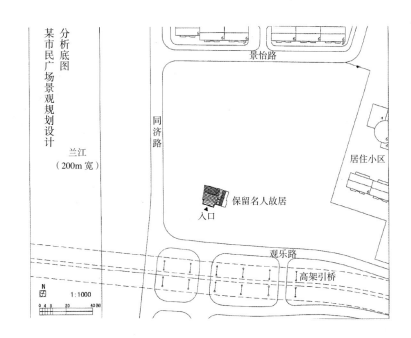

审题指导

该设计区域分为两个部分，分别位于同济路东、西两侧，核心区域为东侧。两块设计区域的地理位置不同，则在此活动人的心理需要也有所不同。西侧地块可结合水域设计得视线通透、空间开放，满足市民亲水赏景等要求。东侧地块在不影响周围小区居民生活的前提下，提供户外活动、散步、小集会的场所。在完成该设计时需要注意以下几点：

（1）分析周围环境，合理找出该设计区域的出入口；

（2）东、西两块设计区域应在构图上或者设计立意上有所联系，使之成为一个整体；

（3）在保留名人故居的同时，应将其很好地和广场设计融为一体；

（4）因题干要求无大型集会的需要，因此无需设计大面积的集散广场。

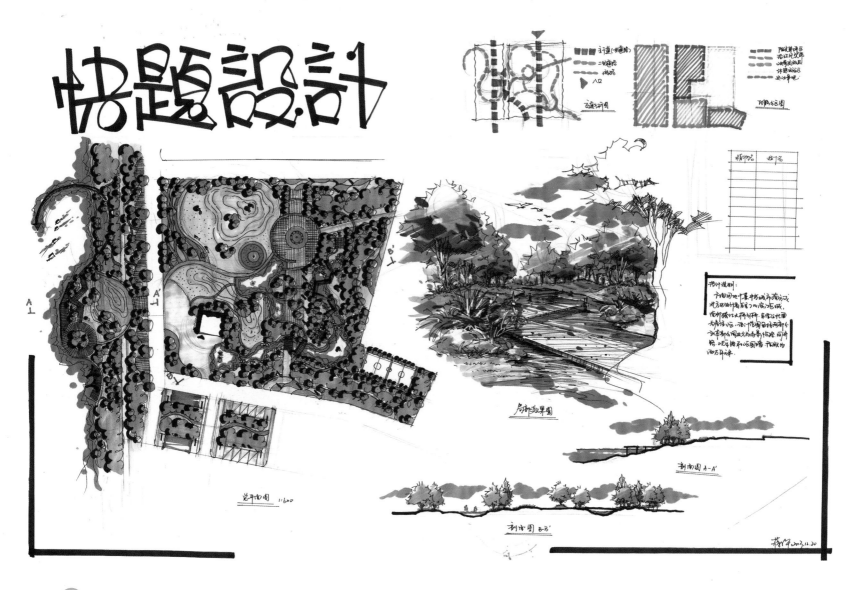

解答 ❶ 点评

该方案各场地定位准确, 环境多样、细节丰富, 主体设计区域内水景的增设丰富了整个地形的竖向和交通形式。图纸表现力强。

不足之处, 滨水区域空间设计过于封闭, 水面不够通透开敞, 主体区域内增设的水景形态有待推敲。

快题设计

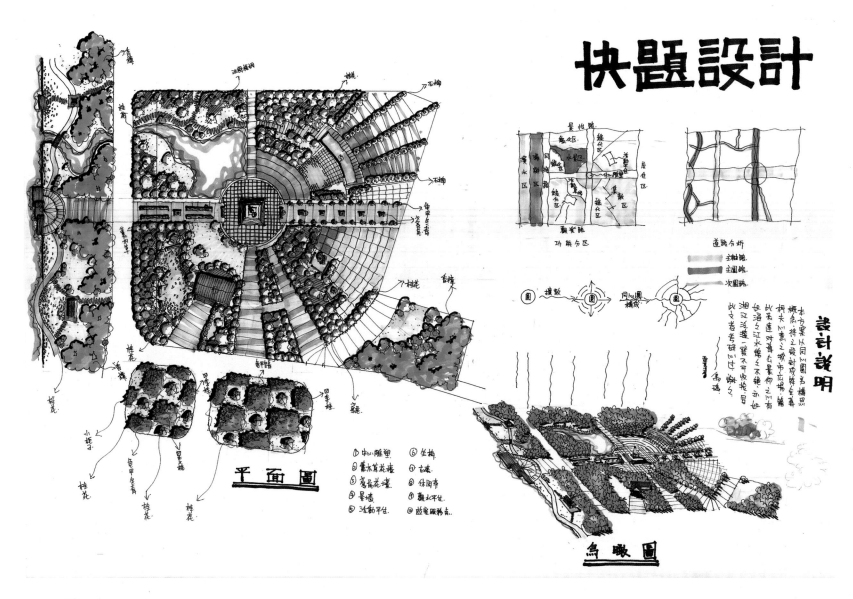

平面图

鸟瞰图

功能分区

道路分析
主轴路
主园路
次园路

扩散

同心圆构成

设计说明

① 中心雕塑　⑥ 坐椅
② 叠水景观桥　⑦ 古桥
③ 穹昆花坛　⑧ 休闲亭
④ 景墙　⑨ 观水平台
⑤ 活动平台　⑩ 游客服务点

解答 ❷ 点评

　　该方案整体性强,主次区域明显,空间处理得当。
　　不足之处,周围环境分析不到位,主入口设计位置应朝向道路而非小区围墙。鸟瞰图绘制没能很好体现平面图的空间变化,尤其是植物空间的围合体现较差。

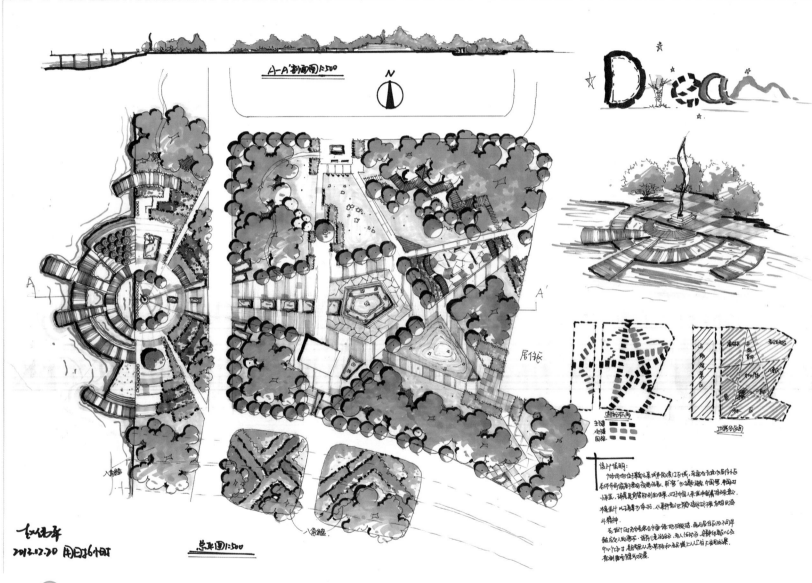

解答 ❸ 点评

该方案设计构图较为新颖，通过"星型"的构图将两个区域比较好地结合在一起。滨水区域空间设计比较丰富且颜色运用得当。

不足之处，平面尺度把握不准确，植物冠幅偏大。平面转效果图绘制不够准确。

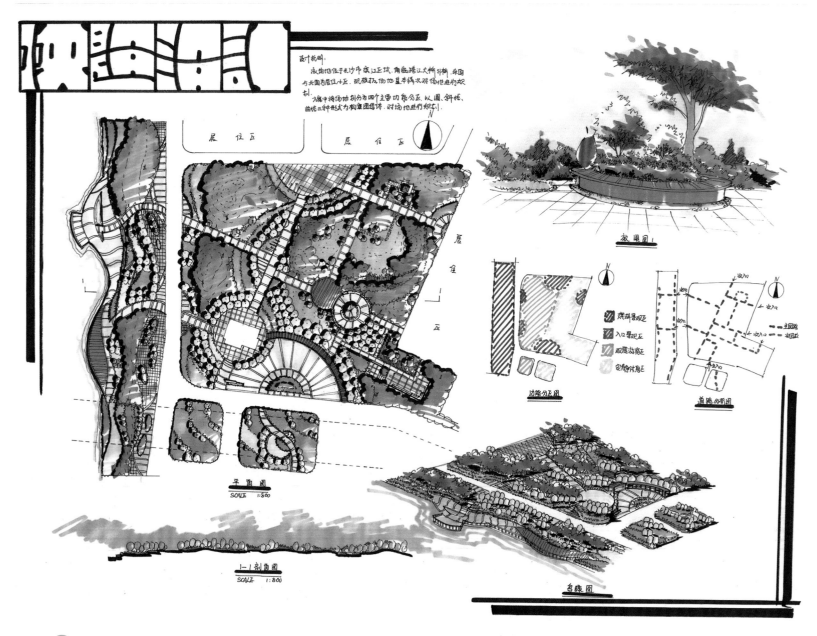

平面图
SCALE 1:800

1—1剖面图
SCALE 1:800

放围图1

功能分区图

道路分析图

鸟瞰图

解答 ④ 点评

该方案整体结构清晰，交通设计与周围环境结合准确，通过花灌木将多个被道路分割的区域巧妙结合。保留故居的处理方法与整个设计有一定的联系。

不足之处，东、西两块区域间由"曲"变"直"的道路衔接变化不自然，主要节点设计过于简单。

4.3.6　文化休闲广场设计

1.　基地概况

　　某小城市集中建设文化局、体育局、教育局、广电局、老干部局等办公建筑。在建筑群东侧设置文化休闲场所，安排市民活动的场地、绿地和其他设施。广场内建设有图书馆和影视厅。

2.　设计要求

（1）建筑群中部有玻璃覆盖的公共通廊，是建筑群两侧公共空间的步行主要通道；

（2）建筑东侧的入口均为步行辅助入口，应和广场交通系统有机衔接；

（3）应有相对集中的广场，便于市民聚会、锻炼以及开展节庆活动等；

（4）场地应和绿地结合，绿地面积（含水体面积）不小于广场总面积的1/3；

（5）现状场地基本为平地，可考虑地形竖向上的适度变化；

（6）需布置面积约 50m² 的舞台一处，并有观影空间（观影空间固定或临时均可，观演空间和集中广场结合也可以）；

（7）在丰收路和跃进路上可设置机动车出入口，幸福路上不得设置；

（8）需布置地面机动车停车位 8 个，自行车停车位 100 个；

（9）需布置 3m 见方（9m²）的服务亭 2 个；

（10）可以自定城市所在地区和文化特色，在设计中体现文化内涵，并通过图示和说明加以表达（比如某同学选择宁波余姚市，则可以表现河姆渡文化、杨梅文化、市树市花内涵等）。

3.　成果要求

（1）总平面图 1 张，比例 1：500；

（2）局部剖面图，比例 1：200；

（3）能表达设计意图的分析图或表现图（比例不限）；

（4）设计说明（字数不限）；

（5）将成果组织在 1 张 A1 图纸上，总平面图可集中表现广场及西侧建筑群轮廓，留出空间绘制分析图、剖面图、表现图及设计说明。

4.　时间要求

　　设计时间为 3 小时。

风景园林
快题解析

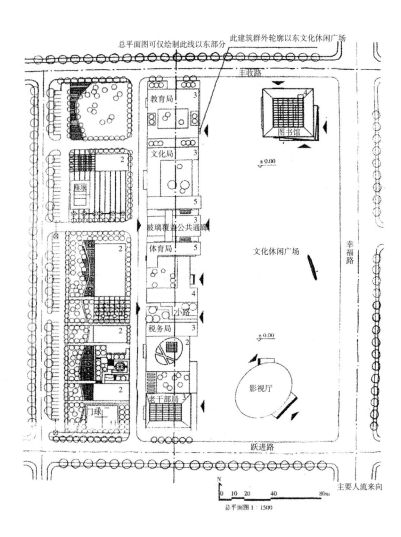

总平面可仅绘制此线以东部分　此建筑群外轮廓以东文化休闲广场

主收路

教育局　3

图书馆

文化局　±0.00

2

3

5

玻璃覆盖公共通廊　3

体育局

文化休闲广场

幸福路

4

小路

税务局　3

±0.00

观

2

老干部局

影视厅

门球

跃进路

N　0　10　20　40　80m

主要人流来向

总平面图 1：1500

该设计为市民文化休闲广场设计，在进行广场功能区域分析的同时必须充分与周围公共建筑结合起来考虑。根据影视厅的特点，可以将市民集散、节庆活动等较为吵闹的功能区域布置在靠近影视厅的区域。而图书馆需要一个较为安静的空间氛围，因此可以将市民休闲、散步、游憩的功能空间布置在北侧。而在西侧可适当设计隔离措施，以减少公共办公建筑与广场活动间的相互影响。在设计的同时需要注意以下几点：

（1）在设计构图形式上，应与影视厅的弧形建筑和图书馆的方形建筑较好结合；

（2）因共建入口较多，需合理安排行人的进出路线；

（3）在合理布置文化休闲广场功能的同时体现文化特点；

（4）"观演空间"的设计，根据其区域特点布置应更靠近影视厅。

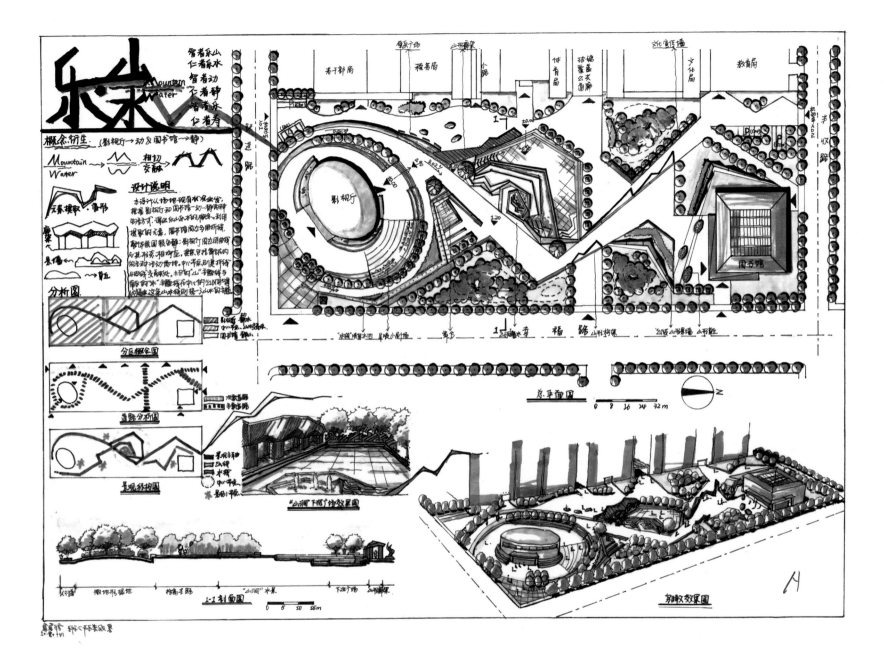

解答 ❶ 点评

　　该方案运用"山"、"水"概念将广场中影视厅和图书馆周围所需的"动"、"静"空间需求得以很好体现，并且通过"山"、"水"的形态将两个看似矛盾的空间巧妙地结合起来。

　　不足之处，作为动静空间的衔接区域也是该广场游人主要集散活动的空间设计形式过渡不顺畅。

风景园林
快题解析

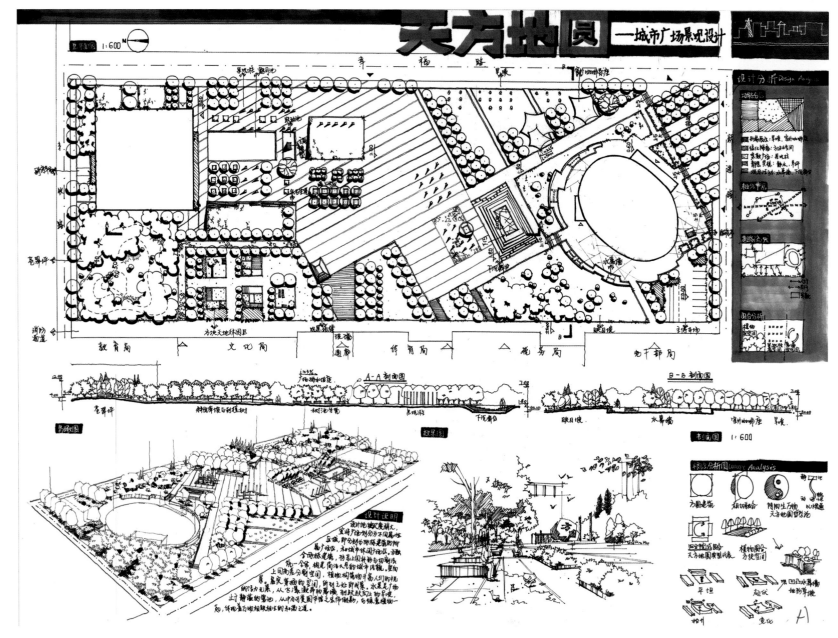

解答 ② 点评

该方案空间变化丰富，尺度设计得当，设计重点突出，比较符合城市广场的功能需求。手绘表达清晰准确。

不足之处，主题概念太大，以至于平面设计不能很好地突出主题。

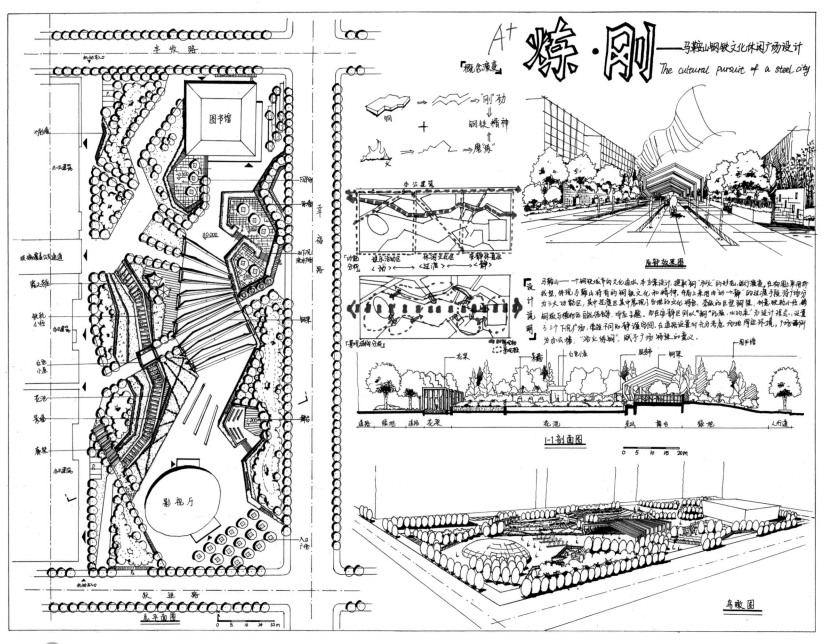

解答 点评

该方案设定广场所在区域，因此通过设计能更好地突出该广场的地域文化特色。方案设计流畅，整体性强。

不足之处，该方案设计构图形式与影视厅、图书馆外轮廓结合不紧密。根据主体建筑周围环境要求，广场设计动静空间的划分不明晰。

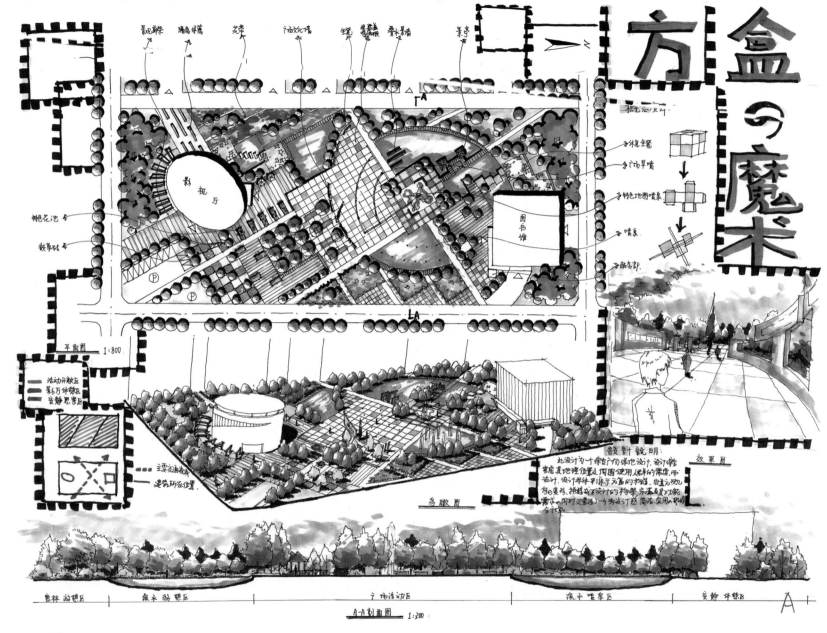

解答 ④ 点评

该方案设计完整，表达清晰，排版紧凑，比较符合题目设计要求。

不足之处，设计主题空洞，使得整个设计没有亮点，竖向变化较为单一，图书馆与周围环境设计融合性不强。

→ *4.4 公园绿地*

公园绿地是城市中向公众开放的、以游憩为主要功能，有一定的游憩设施和服务设施，同时兼有健全生态、美化景观、防灾减灾等综合作用的绿化用地。它是城市建设用地、城市绿地系统和城市市政公用设施的重要组成部分，是标示城市整体环境水平和居民生活质量的一项重要指标。

4.4.1 公园分类

（1）综合公园：包括全市性公园和地域性公园。内容应包括多种文化娱乐设施、儿童游戏场和安静休憩区，也可设游戏型体育设施。

（2）社区公园：与居民生活关系密切，必须和住宅开发配套建设，合理布局。必须设置儿童游戏设施，同时应照顾老人的游憩需要。

（3）专类公园：具有鲜明特点或主题的公园，如植物专类园、动物园、儿童游乐园、文化主题公园等。

（4）带状公园：宽度受用地条件的影响，一般呈狭长形，以绿化为主，辅以简单的设施。常常结合城市道路、水系、城墙而建设，是绿地系统中颇具特色的构成要素，承担着城市生态廊道的职能。

（5）街旁绿地：散布于城市中的中小型开放式绿地，虽然面积较小，但具备游憩和美化城市的功能。

4.4.2 公园布局

（1）公园的总体设计应根据批准的设计任务书，结合现状条件对功能或景区划分、景观构想、景点设置、出入口位置、竖向及地貌、园路系统、河湖水系、植物布局以及建筑物和构筑物的位置、规模、造型等作出综合设计。

（2）功能划分，应根据公园性质和现状条件，确定各分区的规模及特色。

（3）出入口设计，应根据城市规划和公园内部布局要求，确定游人主、次和专用出入口的位置；需要设置出入口内外集散广场、停车场、自行车存车处者，应确定其规模要求。

（4）游路系统设计，应根据公园的规模、各分区的活动内容、游人容量和管理需要，确定园路的路线、分类级别和园桥、铺装场地的位置和特色要求。

（5）河湖水系设计，应根据水源和现状场地等条件，确定园中河湖水系的水位和流向及各类水体的形状和使用要求。

（6）植物组群及分布，根据当地的气候状况、园外的环境特征、园内的立地条件，做到充分绿化和满足多种游憩及审美的要求。

（7）公园管理设施及厕所等建筑物的位置应隐蔽又方便使用。

4.4.3 竖向控制

竖向控制应包括：山顶；最高水位、常水位、最低水位、水底；驳岸；主要建筑物和构筑物；园内外借景的地面高程。

4.4.4 相关规范

1. 园路宽度

园路级别	公园陆地面积（公顷）			
	< 2	2~10	10~50	> 50
主路	2.0~3.5	2.5~4.5	3.5~5.0	5.0~7.0
支路	1.2~2.0	2.0~3.5	2.0~3.5	3.5~5.0
小路	0.9~1.2	0.9~2.0	1.2~2.0	1.2~3.0

2. 停车场

类别		停车位指标（车位/100m² 游览面积）	
		机动车	自行车
一类	市区	0.80	0.50
	郊区	0.12	0.20
二类		0.02	0.20

注：一类：古典园林、风景名胜。二类：一般性城市公园

停车场设计具体规范

（1）机动车停车场的出入口应有良好的视野。出入口距离人行过街天桥、地道和桥梁、隧道引道须大于50m；距离交叉路口须大于80m。

（2）机动车停车场车位指标大于50个时，出入口不得少于2个；大于500个时，出入口不得少于3个。出入口之间的净距须大于10m，出入口宽度不得小于7m。

（3）机动车停车场内的停车方式应以占地面积小、疏散方便、保证安全为原则。

（4）机动车停车场车位指标，以小型汽车为计算当量。设计时，应将其他类型车辆按换算系数换算成当量车型，以当量车型核算车位总指标。

（5）机动车停车场内的主要通道宽度不得小于6m。

（6）自行车停车场原则上不设在交叉路口附近。出入口应不少于二个，宽度不小于2.5m。

（7）自行车停车方式应以出入方便为原则。

（8）专用自行车停车场的停车位指标应不小于本单位职工人数的30%。

3. 台阶

（1）游人通行量较多的建筑物室外台阶宽度不宜小于1.5m；

（2）踏步宽度不宜小于30cm，踏步高度不宜大于16cm；

（3）台阶踏步数不少于2级；

（4）侧方高差大于1.0m的台阶，设护栏设施。

各种停车方式所需停车面积一览表

车种	停车角度	停车方向（m）	通道宽度 W（m）	停车深度 D（m）	停车宽度 W'（m）	停车位宽度 W"（m）	停车位面积 A（m²）
小客车	30 度	前进停车	3.8	5.17	5	14.14	35.35
	45 度	前进停车	3.8	6.01	3.54	15.82	28
	45 度交差型	前进停车	3.8	3.01	3.54	15.82	28
	60 度	前进停车	6.3	6.45	2.88	19.2	27.65
	60 度	后退停车	5.7	6.45	2.88	18.6	26.78
	90 度	前进停车	7.5	6	2.5	19.5	24.38
	90 度	后退停车	6.7	6	2.5	18.7	26.38
大客车	30 度	前进停车	5.08	9.46	8	24	96
	45 度	前进停车	4.85	11.31	5.66	27.47	77.74
	45 度交差型	前进停车	4.85	11.31	5.66	27.47	77.74
	60 度	前进停车	9.6	12.39	4.62	34.38	79.42
	60 度	后退停车	8.9	13.39	4.62	33.68	77.8
	90 度	前进停车	10.06	12	4	34.06	68.12
	90 度	后退停车	9.9	12	4	33.9	67.8

4.4.5 公园设计

1. 题目

某公园设计

2. 区位及面积

公园位于北京西北部某县城中，北为南环路、南为太平路、东为塔院路，面积为 3.3 万 m²（图中粗线为公园边界线）。用地东、南、西三侧均为居民区，北侧隔南环路为居民区和商业建筑。用地比较平坦（图中数字为现状高程），基址上没有植物。

3. 要求

公园成为周围居民休憩、活动、交往、赏景的场所，是开放性的公园，所以不用建造围墙和售票处等设施。在南环路、太平路和塔院路上可设立多个出入口，并布置总数为 20~25 个轿车车位的停车场。公园中建造一栋一层的游客中心建筑，建筑面积为 300m² 左右，功能为小卖部、茶室、活动室、管理、厕所等，其他设施由设计者定。

4. 提交成果

提交两张 A1（594mm×841mm）的图纸。

（1）总平面图 1：500，表现形式不限，要反映竖向，画屋顶平面，植物只表达乔木、灌木、常绿落叶等植物类型，有设计说明书；

（2）鸟瞰图（表现形式不限）。

注：试卷中所附两张图纸，编号分别为 A、B，单位为 m，考生需按 AB 拼图，再将图纸放大到 1：500，图纸要有周围道路。

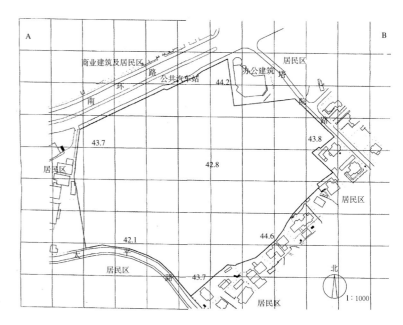

编者注：为方便读者练习，A、B 图纸已经拼好。由于印刷缩放，读者所看到的图纸比例并非原试题所注的 1：1000。请按照格网大小为 30m 的尺度设计。

审题指导

该设计限制条件比较少，用地为不规则多边形且较平坦，但总体趋势是四周高中间低，因此全园整体空间布局最好采用内向型的空间。在设计时注意以下几点：

（1）对外噪声和视线干扰进行隔离和遮挡，尤其是车流较大的南环路一侧；

（2）根据周围环境，主入口应设在南环路，在其余两条路设计次入口；

（3）主要服务人群为附近居民，因此需要满足不同类型居民多样的活动需求。

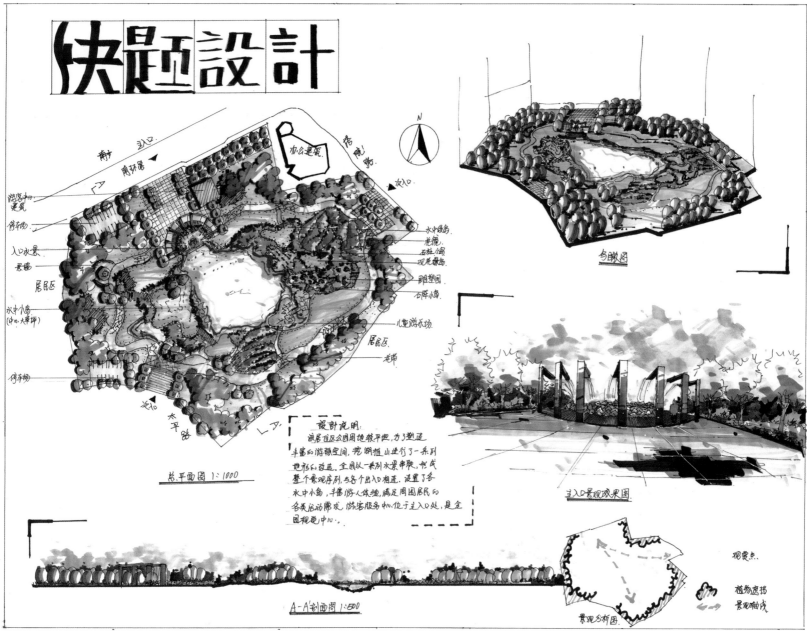

快题設計

办公建筑

N

鸟瞰图

设计说明:
该居住区公园用地较平坦,为了塑造
丰富的游憩空间,挖湖推山进行了一系列
地形的改造。全园以一系列水景串联,形成
整个景观序列,与各个出入口相连。设置了各
水中小岛,丰富游人体验,满足周围居民的
各类活动需求,游客服务中心位于主入口处,是全
园视觉中心。

总平面图 1:1000

主入口景观效果图

观景点

植物遮挡

景观轴线

A-A剖面图 1:500

景观分析图

解答 ❶ 点评

该方案版面完整,手绘表达较好,节点设计布置较为合理。
不足之处,道路系统设计过于简单,无明显主次路,平面图转鸟瞰图空间尺度转换不够准确,竖向处理不够丰富。

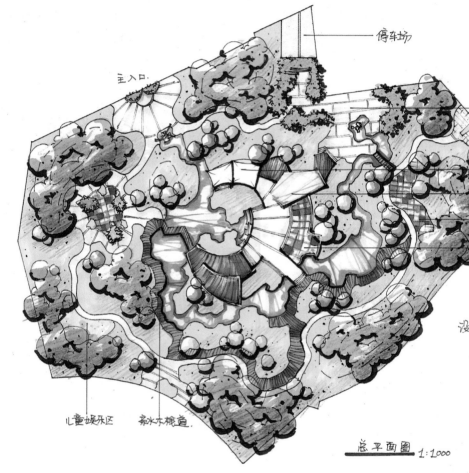

停车场

主入口

N

办公楼专用休息区

膜阴休息区

综合服务建筑

休息区

观景休息台

儿童娱乐区　亲水木栈道

翔雅琳

总平面图 1:1000

设计说明:

本案为某公园设计,面积为3.5万m²,用地东、南、西三侧为城市道路,北侧为居民区与商业建筑。因此公园的主要使用人口为周边居民,相应地公园中开辟了较多用于娱乐、休闲、群体集会、私人聚会的各种社交空间,满足人们交流、文娱多方面的需求。根据设计要求,用一条水带一条木栈道将中心区域与三个入口相连,园中道路以环路为主,分出一些支路与次空间相连,使交通便利,也获得优良的沿桥观景视线。植物以选择北京地区的乡土植物为主,以及优良引种植物,主要打造四季常绿景观与落叶景观,且提供丰富的林下空间与冬季无遮挡的暖阳直射空间。

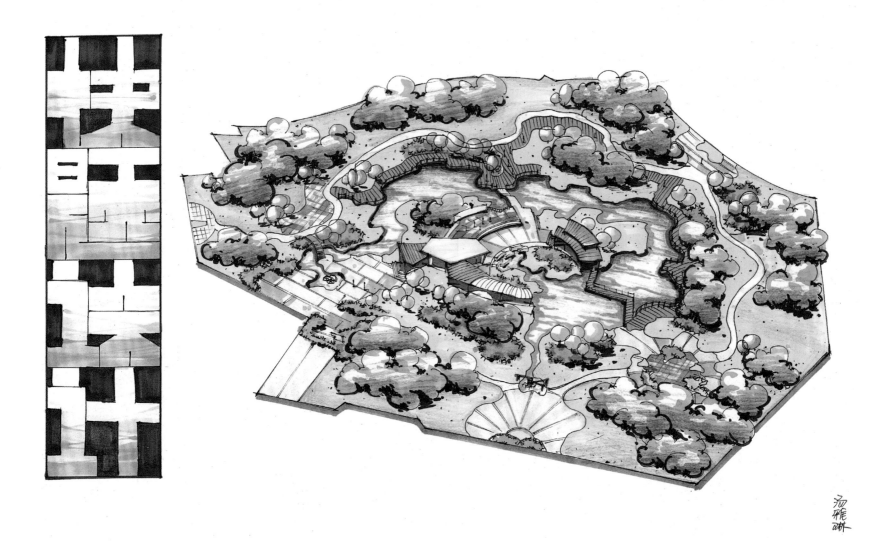

解答 **2** 点评

该方案手绘表达清晰，颜色运用得当。中心活动区域公共活动建筑与周围环境结合比较巧妙。

不足之处，尺度把握不准，区域设计偏小。主入口与主要活动空间结合不紧密。周围植物种植设计过于分散，围合性不强。

风景园林
快题解析

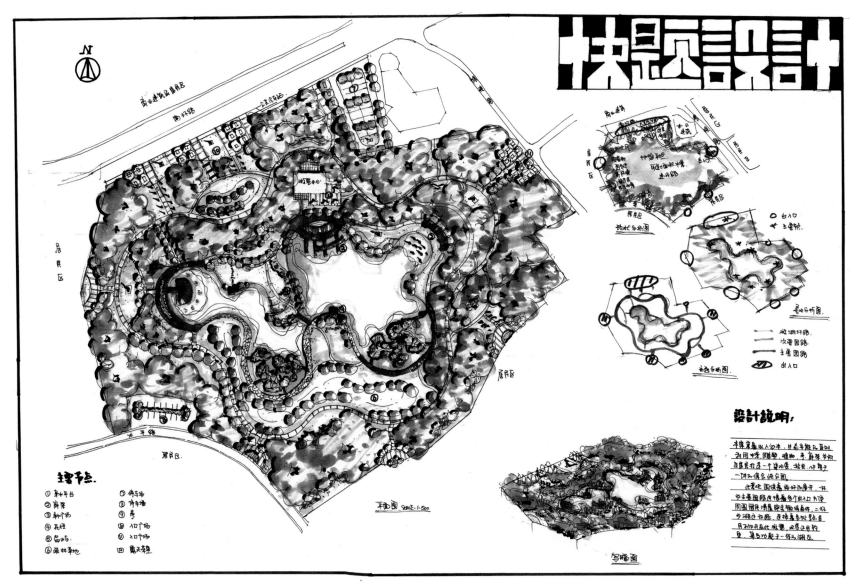

解答 ③ 点评

该方案设计内容丰富，空间变化明显，平面图绘制准确，排版突出。

不足之处，主入口设计与主要节点在平面图中不够突出，鸟瞰图偏小。

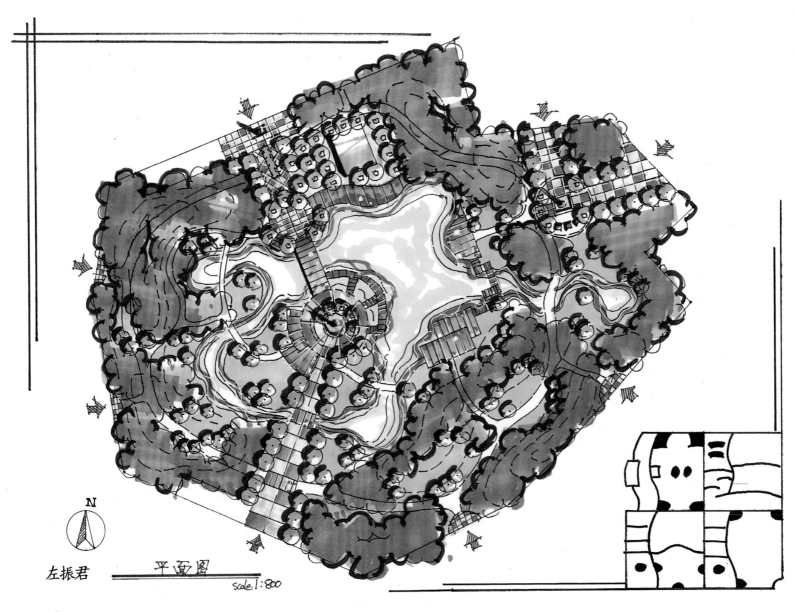

左振君 平面图

scale: 1:800

解答 4 点评

该方案设计节点，布局合理，竖向地形丰富，植物空间围合变化丰富。

不足之处，场地尺度把握不够准确，设计区域偏小。主入口设计不够突出。

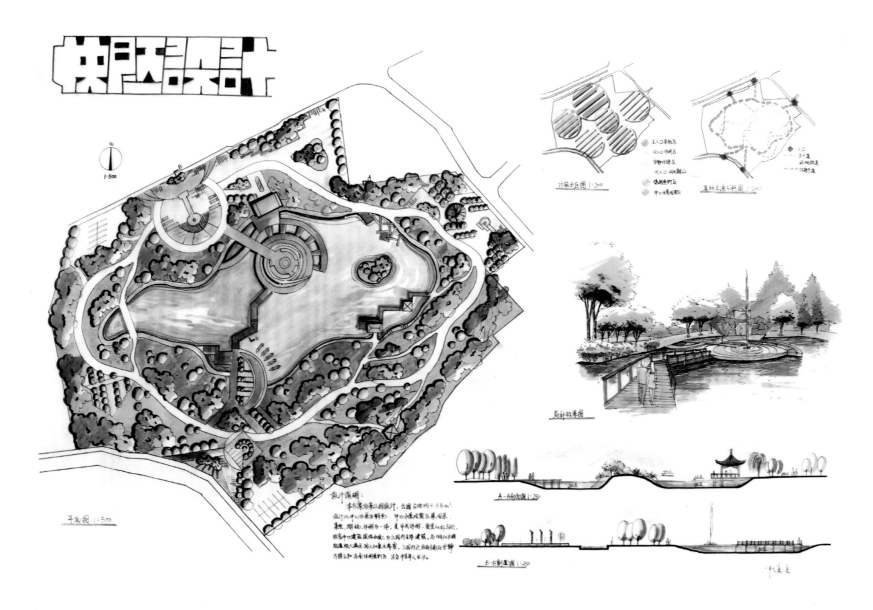

解答 **5** 点评

该方案节点清晰, 道路设计流畅, 植物空间围合变化丰富。

不足之处, 公园主要入口设计过于简单, 节点设计详弱不明晰, 公园内部水体驳岸设计过于死板, 可考虑自然驳岸与人工驳岸相结合的方式。

4.4.6 翠湖公园设计任务书

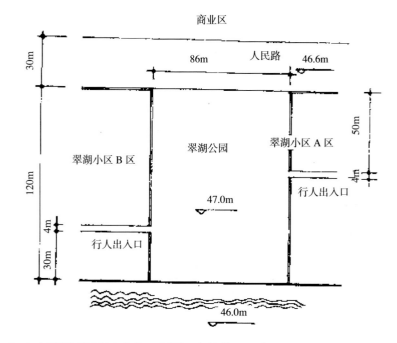

1. 项目简介

某城市小型公园——翠湖公园位于 120m×86m 的长方形地块上，占地面积 10320m²，其东西两侧分别为居住区——翠湖小区 A 区和 B 区，A、B 两区各有栅栏围墙围合。但 A、B 两区各有一个行人出入口与公园相通。该园南临翠湖，北依人民路并与商业区隔街相望。该公园现状地形为平地，其标高为 47.0m，人民路路面标高为 46.6m，翠湖常水位标高为 46.0m（详见附图）。

2. 设计目标

将翠湖公园设计成结合中国传统园林地形处理手法的、现代风格的、开放型公园。

3. 公园主要内容及要求

现代风格小卖部 1 个（18~20m²），露天茶座 1 个（50~70m²），喷泉水池 1 个（30~60m²），雕塑 1~2 个，厕所 1 个（16~20m²），休憩广场 2~3 个（总面积 300~500m²），主路宽 4m，次路宽 2m，小径宽 0.8~1m，园林植物考虑考生所在地常用种类。此外公园北部应设 200~250m² 自行车停车场（注：该公园南北两侧不设围墙，也不设园门）。

4. 图纸内容（表现技法不限）

（1）现状分析图 1：500（占总分 15%）；

（2）平面图 1：200（图幅大小为 1 号图，占总分 45%）；

（3）鸟瞰图（图幅大小为 1 号图，占总分 30%）；

（4）设计要点说明（300~500 字），并附主要植物中文名录（占总分 10%）。

审题指导

本设计是为周围居民和商业区人员提供一个绿色休憩环境的同时，引导游人到达滨湖休息停留。在整体布局上，应处理空间结构在纵向上的变化，以及考虑游人穿过绿地到达开阔滨水的一个空间体验。在设计时注意以下几点：

（1）结合整体布局和中国传统地形处理手法，对现状地形进行一定处理；

（2）注意滨水高差问题，在设计中要有所体现；

（3）满足商业区游人的引导和两侧居民通行的需要。

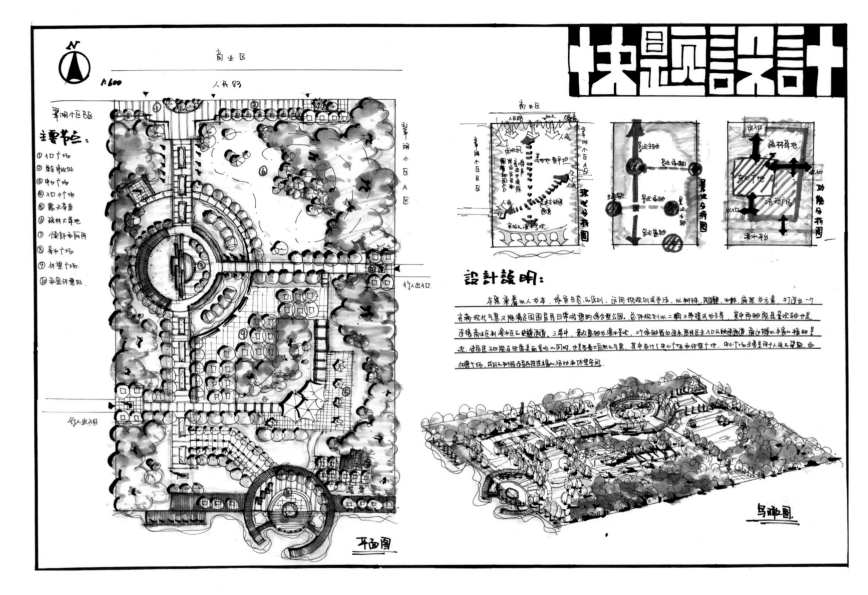

快题设计

平面图

鸟瞰图

解答 ① 点评

该方案形成处理手法合理，结构清晰，通过一条轴线组织并控制整个场地，节奏感较好。交通设计便捷且有一定变化。分析图绘制准确。

不足之处，鸟瞰图透视问题比较严重。

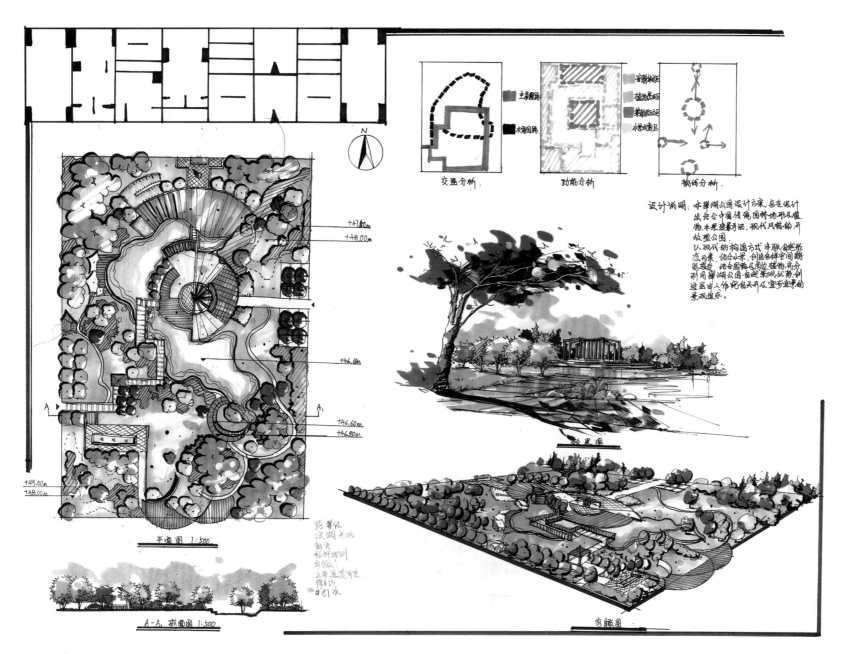

交通分析 功能分析 视线分析

设计说明：本景湖公园设计方案总在设计出结合中国传统园林地形及植物水景造景手法，现代风格的开放型公园。

以现代的构图方式串联创建形态方案，结合水景，创造各样空间游赏效果。结合园路及周边植物，充分利用碧湖公园自身景观优势，创造出人作化的开放宜写宣享的景观游赏。

+47.00m
+48.00m

+46.60m

+46.60m
+46.80m

+45.00m
+48.00m

平面图 1:500

A-A₁ 剖面图 1:500

效果图

鸟瞰图

解答 2 点评

该方案手绘表现力强，排版紧凑合理。

不足之处，主要节点设计不够详细，主入口设计不够明晰。没有考虑小卖部的布置，不符合题目要求。

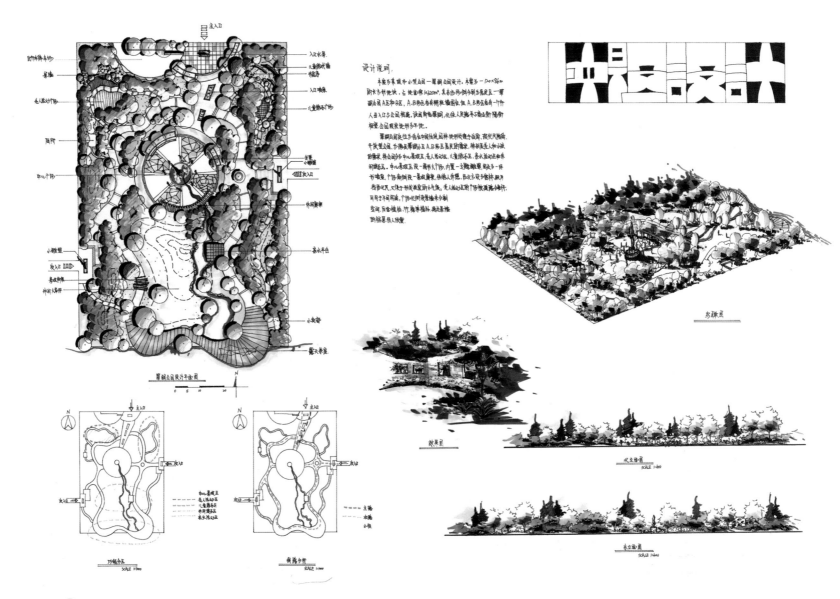

解答说明：

解答 3 点评

该方案结构清晰，重点突出。水体设计丰富，将园内外水体进行结合。

不足之处，节点设计过于简单，竖向处理考虑不足，南侧地形设计与水体结合处高差存在问题。

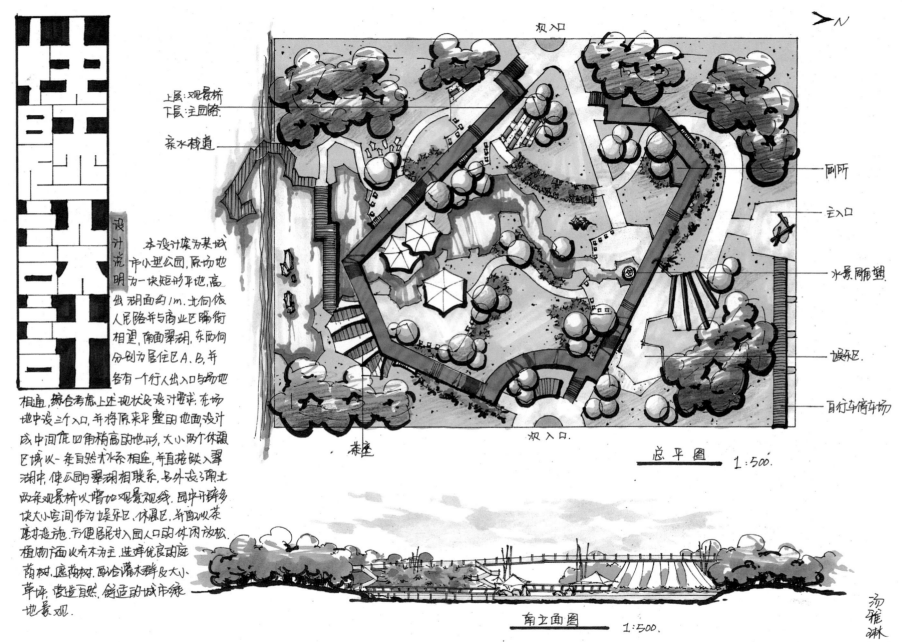

景观设计

设计说明

本设计底为某城市小型公园，原场地为一块矩形平地，高出湖面约1m。北侧依人尼路并与商业区隔街相望，南面翠湖，东西侧分别为居住区A、B，并各有一个行人出入口与场地相通。综合考虑上述现状及设计要求，在场地中设三个入口，并将原来平整的地面设计成中间低四角稍高的地形，大小两个休憩区域以一条自然水系相连，并直接嵌入翠湖中，使公园与翠湖相联系，另外设了南北两条观景桥以增加观景视线。园中设许多块大小空间作为娱乐、休憩区，并配以茶座等设施，方便居民进入园人口的休闲放松。植物下面以乔木为主，选择优良庭荫树、庭荫树，配合灌木群及大小草坪，营造自然、舒适的城市绿地景观。

上层：观景桥
下层：主园路

亲水栈道

观入口

厕所

主入口

水景雕塑

娱乐区

自行车停车场

茶座

观入口

总平图   1:500.

南立面图   1:500.

汤雅琳

快题设计

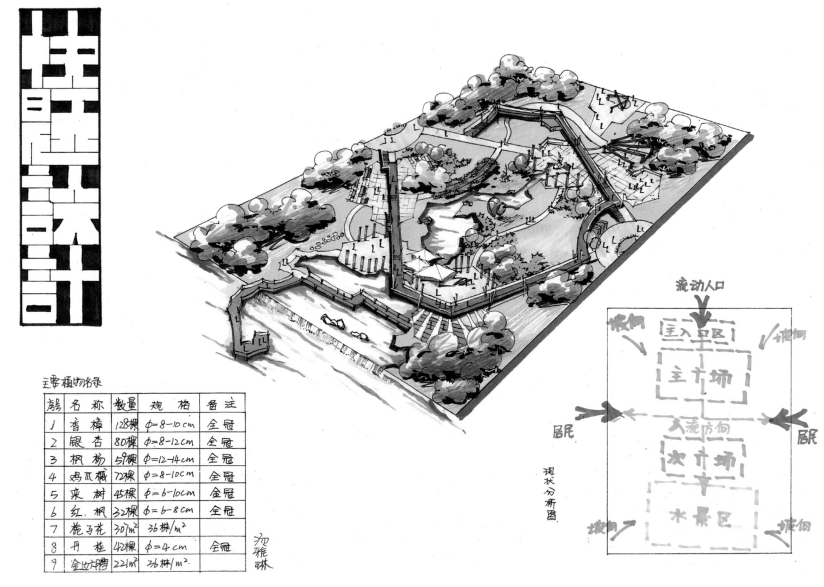

主要植物名录

编号	名称	数量	规格	备注
1	香樟	128棵	φ=8-10cm	全冠
2	银杏	80棵	φ=8-12cm	全冠
3	枫杨	59棵	φ=12-14cm	全冠
4	鸡爪槭	72棵	φ=8-10cm	全冠
5	栾树	45棵	φ=6-10cm	全冠
6	红枫	32棵	φ=6-8cm	全冠
7	栀子花	30/m²	36株/m²	
8	丹桂	42棵	φ=4cm	全冠
9	金边黄杨	221m²	36株/m²	

流动人口

主入口

主广场

人流方向

次广场

水景区

屈民

现状分析图

解答 ④ 点评

该方案竖向处理得当，设置高架桥既丰富了纵向空间，又丰富了游客游览路线。滨水处设计跌水，解决驳岸高差的同时又能形成景观。

不足之处，主要集散节点面积不足，且高架桥横跨主要节点，影响集散区域的空间开敞性和游客视线。

4.4.7 湖滨公园改造设计

园林设计

华北地区某城市市中心有一面积 60 万 m² 的湖面，周围环以湖滨绿带，整个区域视线开阔，景观优美。近期拟对其湖滨公园的核心区进行改造规划，该区域位于湖面的南部，范围如图，面积约 6.8 万 m²。核心区南临城市主干道，东西两侧与其他湖滨绿带相连，游人可沿道路进入，西南端接主入口，为现代建筑，不需改造。主入口西侧（在给定图纸外）与公交车站和公园停车场相邻，是游人主要来向。用地内部地形有一定变化（如图 5-4），一条为湖体补水的引水渠自南部穿越，为湖体长年补水。渠北有两栋古建筑需要保留，区内道路损坏较严重，需重建，植物长势较差，不需保留。

1. 内容要求

（1）核心区用地性质为公园用地，建设应符合现代城市建设和发展的要求，将其建设成为生态健全、景观优美、充满活力的户外公共活动空间，为满足该市居民日常休闲活动服务，该区域为开放式管理，不收门票；

希望考生在充分分析现状特征的前提下提出具有创造性的规划方案。

（2）区内休憩、服务、管理建筑和设施参考《公园设计规范》的要求设置；

区域内绿地面积应大于陆地面积的 70%，园路及铺装场地的面积控制在陆地面积的 8%~18%，管理建筑应小于总用地面积的 1.5%，游览、休息、服务、公共建筑应小于总用地面积的 5.5%。

除其他休息、服务建筑外，原来的两栋古建筑面积一栋为 60m²，另一栋为 20m²，希望考生将其扩建为一处总建筑面积（包括这两栋建筑）为 300m² 左右的茶室（包括景观建筑等辅助建筑面积，其中茶室内茶座面积不小于 160m²）。此项工作包括两部分内容：茶室建筑布局和为茶室创造特色环境，在总体规划图上完成。

（3）设计风格、形式不限。设计应考虑该区域的空间尺度、形态特征上与开阔湖面的关联，并具有一定特色。地形和水体均可根据需要决定是否改造，道路是否改线，无硬性要求。湖体常水位高程 43.2m，现状驳岸高程 43.7m，引水渠常水位高程 46.4m，水位基本恒定，渠水可引用；

（4）为形成良好的植被景观，需要选择适应栽植地段立地条件的适生植物。要求完成整个区域的种植规划，并以文字在分析图上进行总概括说明（不需图示表示），不需列植物名录，规划总图只需反映植被类型（指乔木、灌木、草本、常绿或阔叶等）和种植类型。

2. 图纸要求

考生提交的答卷分为三张图纸，图幅均为 A3，纸张类型、表现方式不限，满分 150 分，具体内容如下。

（1）核心区总体规划图 1：1000（80 分）

（2）分析图（20 分），考生应对规划设想、空间类型、景观特点和视线关系等内容，利用符号语言，结合文字说明、图示表现，分析图不像比例尺，图中无需具体形象。此图实为一张图示说明书，考生可不拘泥于上述具体要求，自行发挥，只要能表达设计特色即可。植被规划说明书应书写在图中；

（3）效果图两张（50 分），请在一张 A3 图纸中完成，如为透视图，请标注视点位置及视线方向。

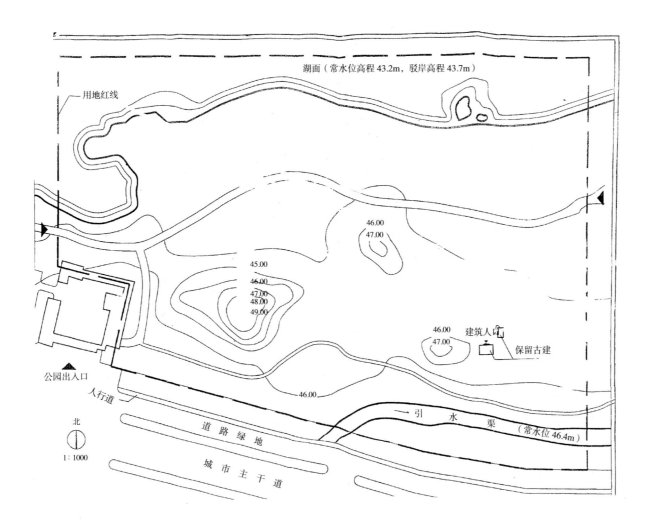

湖面（常水位高程43.2m，驳岸高程43.7m）

——用地红线

46.00
47.00

45.00
46.00
47.00
48.00
49.00

46.00
47.00

46.00   建筑入口
47.00   □ 保留古建

46.00

公园出入口

人行道

引 水 渠 （常水位46.4m）

道 路 绿 地

城 市 主 干 道

北

1：1000

审题指导

　　该设计水景组织与滨水环境设计是重点。公园面积较大，现状条件较复杂，因此在构思布局阶段要梳理好全园的结构，注意空间节奏的变化。设计时注意以下几点：

（1）顺应是比较稳妥的方式，采用自然地形式手法，既尊重场地又经济合理；

（2）两栋古建的改造，应考虑对古典庭院设计手法的理解和把握；

（3）注意引水渠水位与湖面常水位的高差，可建立南北方向的动态水景。

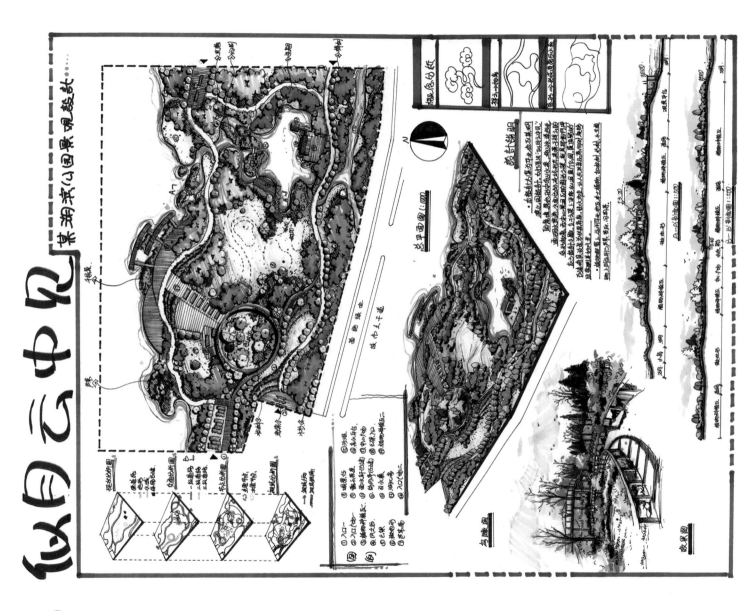

解答 ① 点评

　　该方案为一套较为优秀的限时快题,整个场地空间变化丰富,主要功能明确,水体改造较为合理,主要山体利用得当,手绘表现突出,排版紧凑。

　　不足之处,设计主题不够突出,园区中三座原有山体竖向改造较大。

风景园林
快题
解析

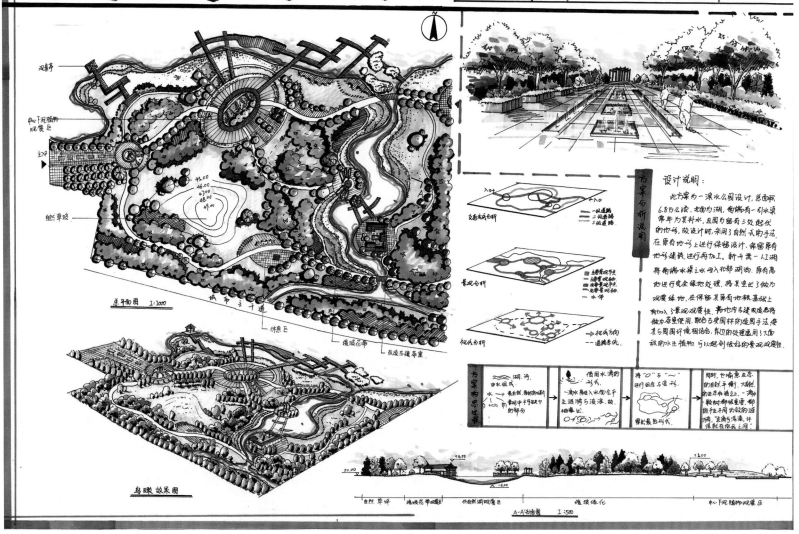

点滴荡漾 ——华北某地滨水公园设计

观景亭
中心下沉植物
观赏区
主入口
自然草坡

总平面图 1:1000

城市主干道

休息区
缓坡花带
故应在建茶室

鸟瞰效果图

交通流线分析
景观分析
视线分析

入口
入口

一级道路
二级道路
三级道路

主要景观节点
次要景观节点
景观视觉轴
视线方向
道路系统
水体

设计说明：

此方案为一滨水公园设计，总面积6.8万公顷，北面为某湖，南端有一引水渠常年为某补水，且园内留有三处起伏的地形，故设计时，采用了自然式的手法。在原有地形上进行保留设计，保留原有地形建筑，进行再加工，新开凿一人工湖将南端水渠之水引向北部湖沟。原有高地进行完全绿地处理，将其理出了做为观赏绿地，在保留其原有地貌基础上有加入了景观观赏性。高地内古建改造应将做为茶室使用。融合古国园林的造园手法使其与围环境细结合。边沿的处理适用了大面积的水生植物，可以起到很好的景观观赏性。

方案分析说明

方案构思过程

湖、河
水——最自然、最纯的源
——润——最单纯又下可缺少的部分

借用水滴的自然形式，一滴水滴落入水面会干主逃荡的与漩涡，故抽象出

将"0"与"~"进行很好之变形

得此最后形式

同时，也喻意生态的正平衡，大概的正向通过上，一湖一鞍树都很重要，都能性不同力数的游湖，点滴与荡漾，环保就在你我之间。

A-A'剖面图 1:500

自然草坪 缓坡花带观赏区 休息自然湖观赏区 缓坡绿化 中心下沉植物观赏区

解答 ② 点评

该方案主次节点设计得当，道路主次分明，手绘表现力强。

不足之处，园中地形只是简单保留，没有很好利用，整个排版偏下，标题所占篇幅面积过大。

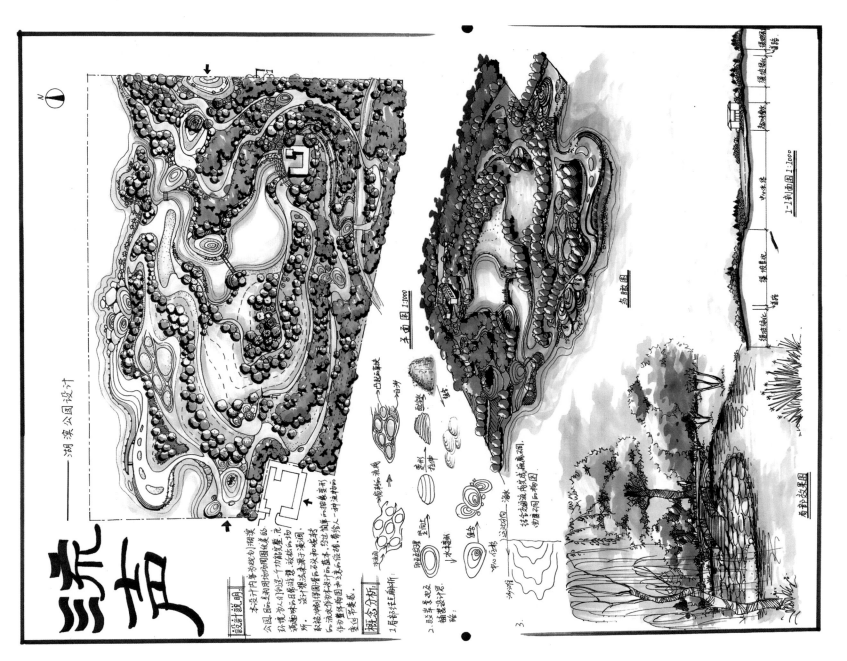

构思

——湖滨公园设计

设计说明

平面图 1:1000

鸟瞰图

1-1剖面图 1:1000

局部效果图

解答 ③ 点评

该方案设计流畅, 节点设计与道路衔接自然, 植物设计空间变化丰富。

不足之处, 园区内主要节点设计不突出, 山体竖向设计以及水体地形改造过大。

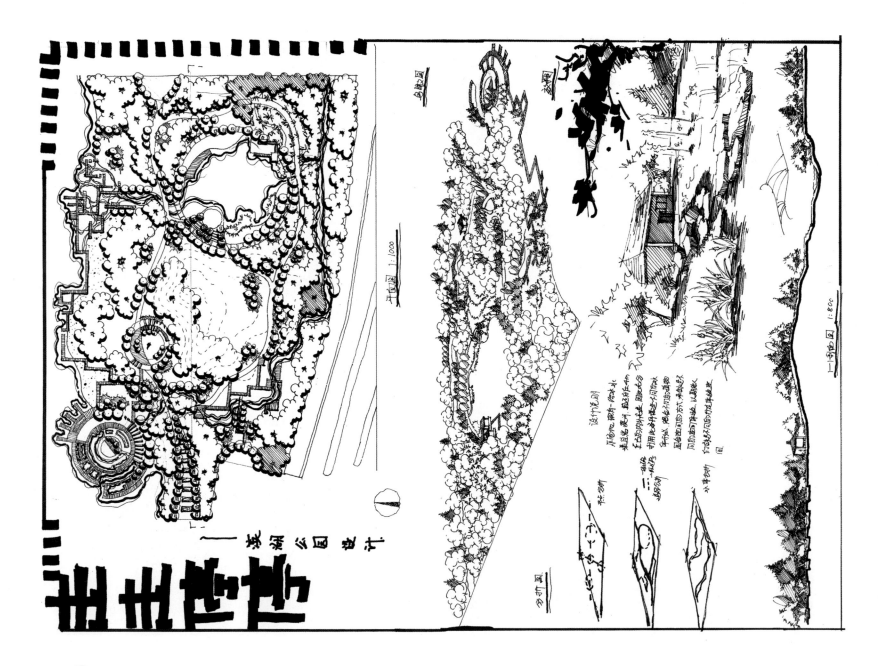

解答 **4** 点评

该方案滨水设计丰富，重点突出，制图清晰。

不足之处，植物空间围合比较单一，靠近滨水区域植物空间设计应更为开敞，主要节点周边植物可退让出一定活动空间，园区山体地形建议以利用改造为主。

4.4.8 城市水景公园设计

1. 基地概况

（1）基地总面积为 162000m²，A 地块占地面积约为 42000m²，B 地块占地面积约为 120000m²；

（2）基地北面为某市的政府大楼（详见基地现状图）；

（3）基地现状内部有水塘，主要集中在 A 地块。

2. 设计要求

（1）以水景公园为主基调进行设计；

（2）基地内现有道路为城市支路，必须保留；

（3）可以在基地内的地块安排适当的文化娱乐建筑，以满足市民休闲娱乐的需求；

（4）A、B 地块统一设计。

3. 成果要求

（1）总平面图 1 张，比例 1∶1000；

（2）剖面图 2 张，比例 1∶1000 或 1∶500；

（3）其他表现图、分析图若干；

（4）设计说明，不少于 200 字。

4. 时间要求

设计时间为 6 小时。

审题指导

该设计主体分为 A、B 两块区域。A 区域靠近行政中心，空间设计应更加开敞，与周围环境氛围契合；B 区域为市民活动、休闲娱乐的主要区域。在设计时需要注意以下几点：

（1）按照题干要求，以水景作为公园主要景观；

（2）A 区域内部有水塘，需加以利用改造进而突出其水景基调；

（3）A、B 区被城市支路分割，因此在设计构图或者元素运用中应将两块区域有机结合在一起，使之成为一个整体。

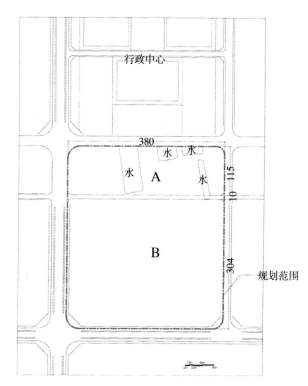

面朝花海,"柳"岸"花"明

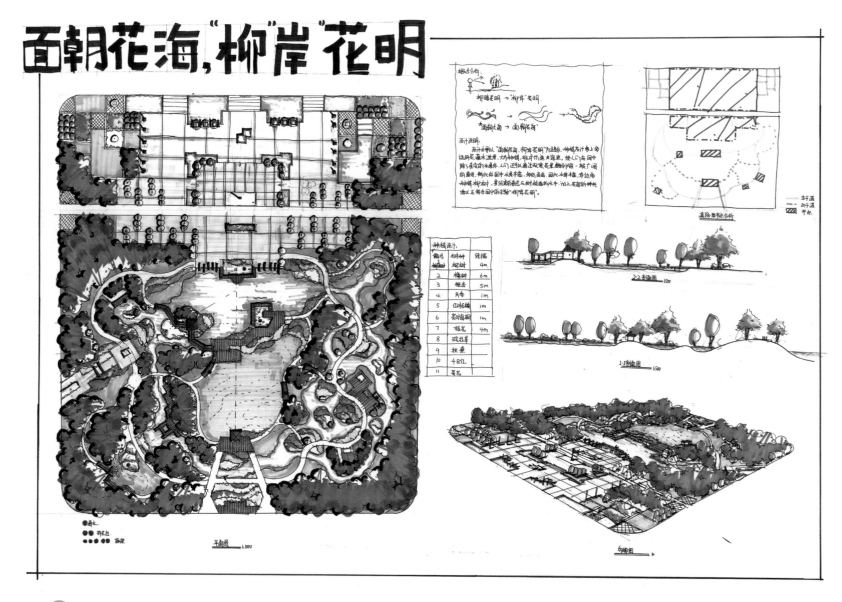

解答 1 点评

该方案空间变化明显,通过铺装将两个区域紧密结合,水体形态设计较丰富。

不足之处,道路分级不够明晰,主次路不明显。植物设计散植和丛植方式对比需更强烈,缺少散植植物。

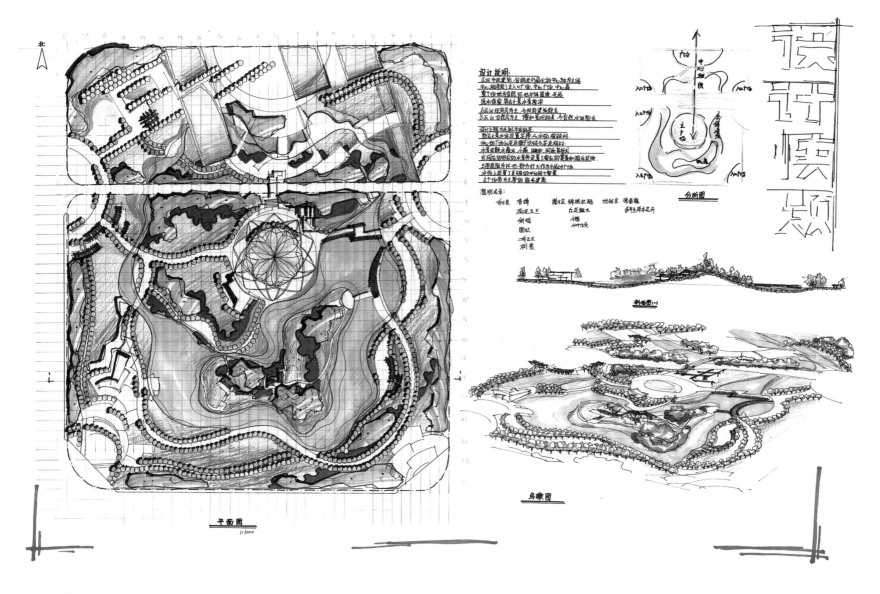

解答 ❷ 点评

该方案设计与平面表达比较新颖，A 区水塘改造利用合理，水体设计增强了两块区域的联系。

不足之处，上色方式比较耗时，平面设计中没有将 A 区水塘很好地加以利用。

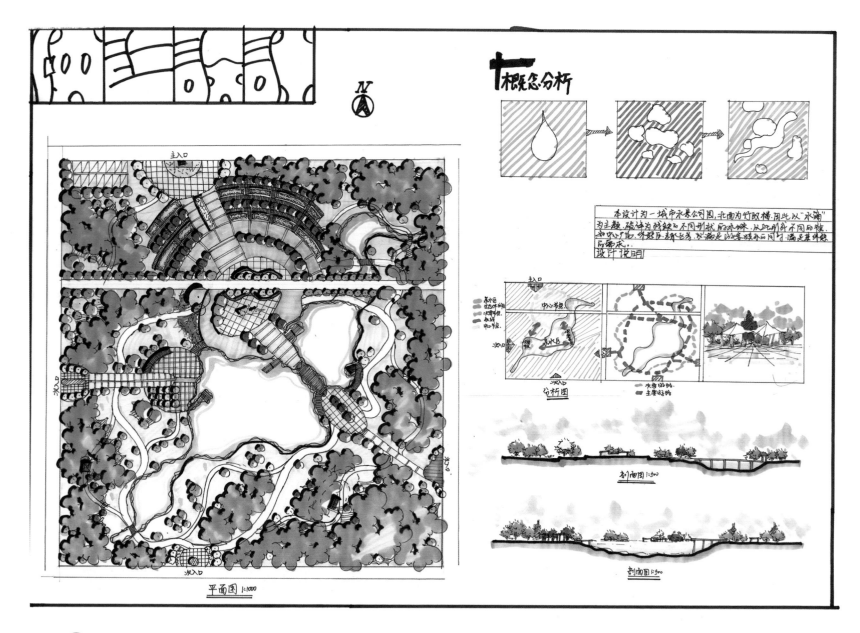

十 概念分析

本设计为一城市水景公园图,北面为竹阶楼.因此以"水滴"为主题.碎体为我绕的不同形状.因为水珠.从此形成不同的水塘.

设计说明

分析图

剖面图1:500

剖面图1:500

平面图1:1000

解答 ❸ 点评

　　该方案比较符合水景公园特征, 主路联系各个功能区, 通过轴线将两个区域结合在一起。
　　不足之处, 停车场设计不规范, 主入口与中心广场需结合得更加紧密。

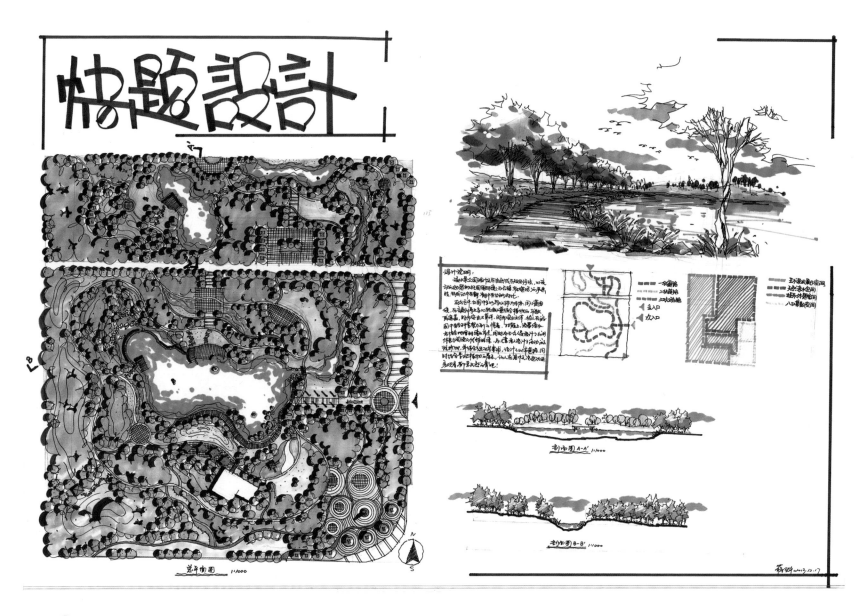

解答 4 点评

该方案整体性较强。水景主题突出，水体形式设计自然，形态较好。

不足之处，A 区域没有充分考虑北侧行政中心的特点，西侧应设置主要出入口，整个场地主要节点设计不突出。

第 5 章

鸟瞰图
节点效果图参考

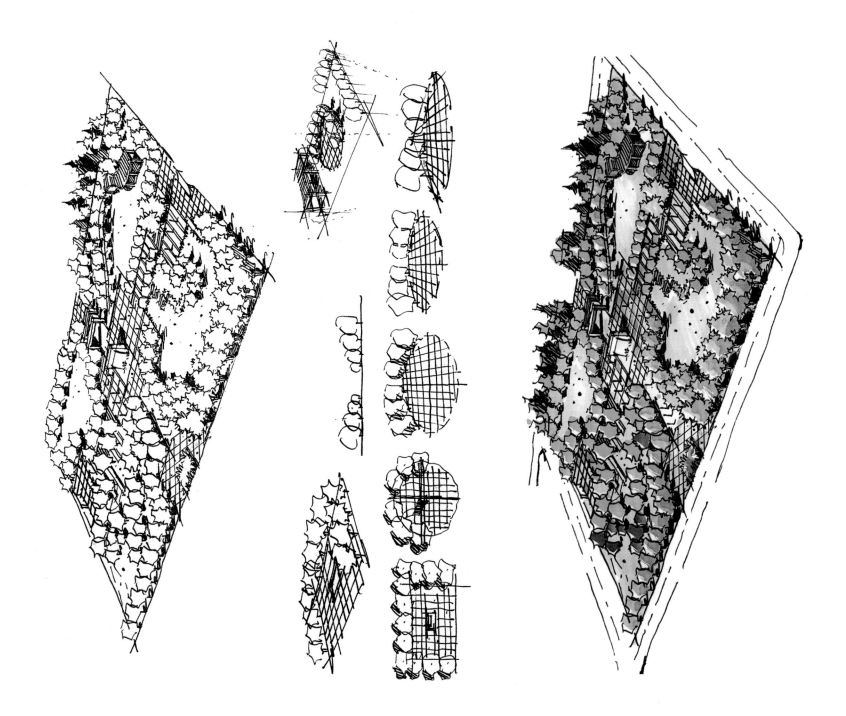

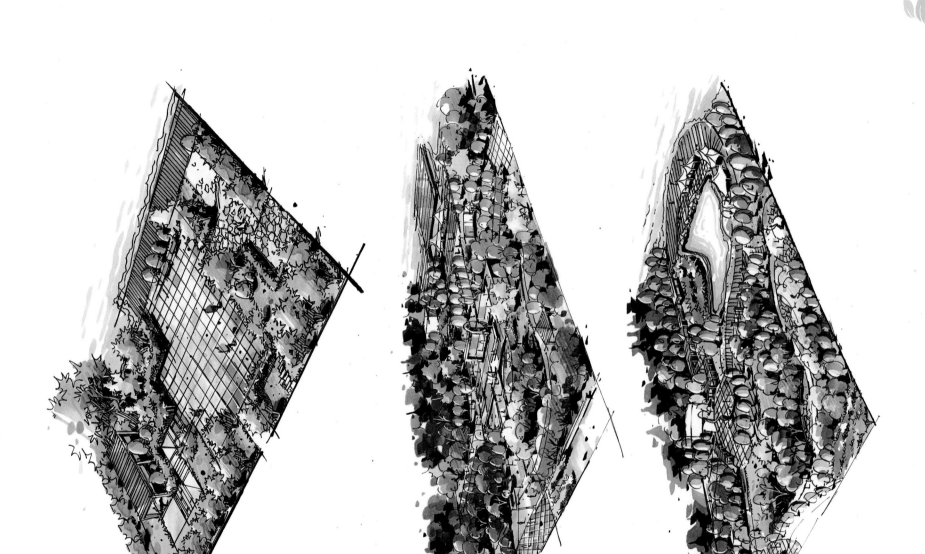

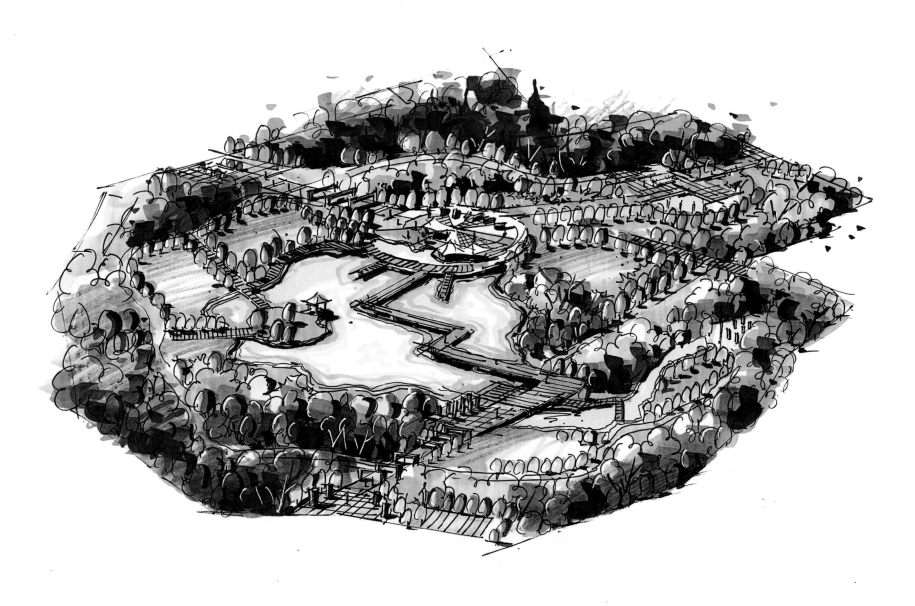

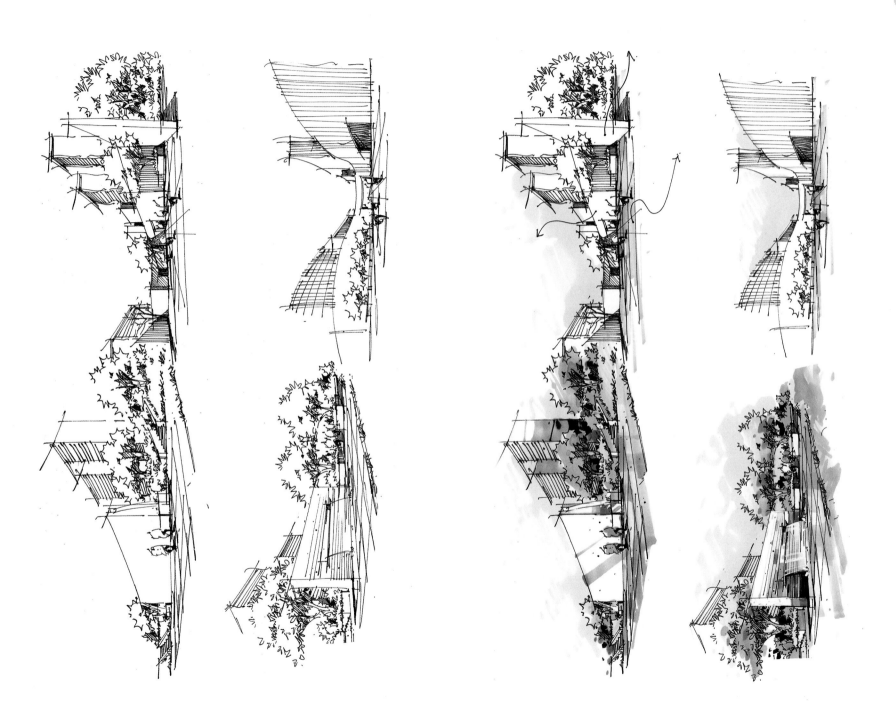

第 6 章

快题赏析

快题设计

总平面图 SCALE 1:400

分析图

效果图

河滩水景立面图 SCALE 1:40

鸟瞰图

设计说明：
在繁忙的城市生活缝隙中
乡村的小桥流水、鸡犬相闻、炊烟袅
叫都给人全新的感受，新鲜的
空气、村木下曲折的小路都会让人
陶醉在大自然中，仿佛生命获
得新生。
本方案设计将小桥、水圳、码
头全部合成一片乡间生活场景，造
着原始的趣味，再结合村林、溜水
农田，营造自然生态，重塑的景色会
使人完全释放心中的压力。

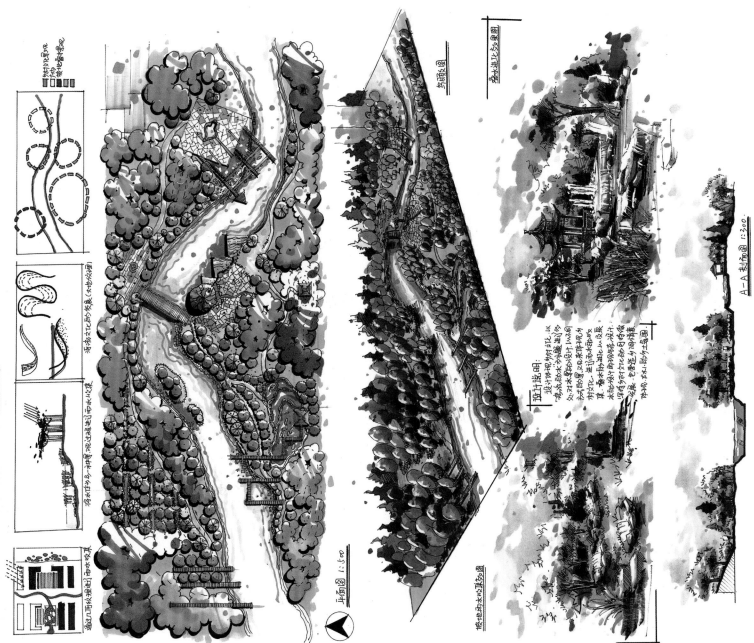

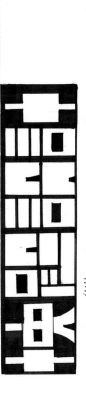

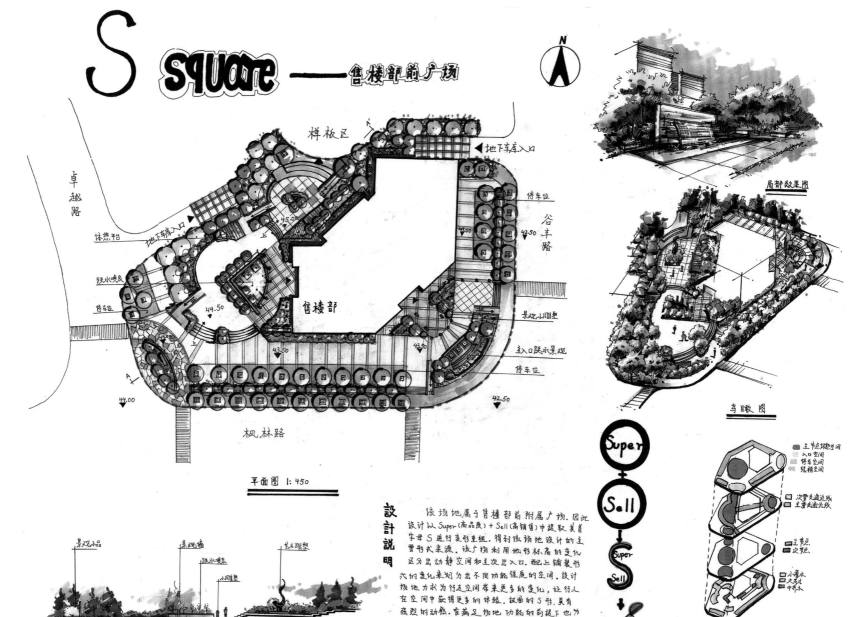

S square ——售楼部前广场

N

样板区

地下车库入口

卓越路

休憩廊

地下停车口

上

停车位

谷羊路

跌水喷泉

停车位

45.00

43.00

43.50

景观小雕塑

44.50

售楼部

主入口跌水景观

44.50

上

43.50

停车位

44.00

42.50

枫林路

平面图 1:450

景观小品

景观墙

跌水喷泉

小雕塑

艺术雕塑

A-A' 剖面图 1:450

设计说明

　　该场地属于售楼部前附属广场。因此设计从 Super (高品质) + Sell (高销售) 中提取其首字母 S 进行变形重组。得到该场地设计的主要形式来源。该广场利用地形标高的变化区分动静空间和主次出入口。配上铺装形式的变化来划分出不同功能性质的空间。设计场地力求为行走空间带来更多的变化，让行人在空间中获得更多的体验。扭曲的 S 形，具有强烈的动感。在满足场地功能的前提下也为其提供了强烈的视觉效果。

局部效果图

鸟瞰图

概念分析图

分析图

Super

Sell

Super

S

Sell

主节点休憩空间
入口空间
停车空间
绿植空间

次要交通流线
主要交通流线

主节点
次节点

小灌木
大乔木
中乔木

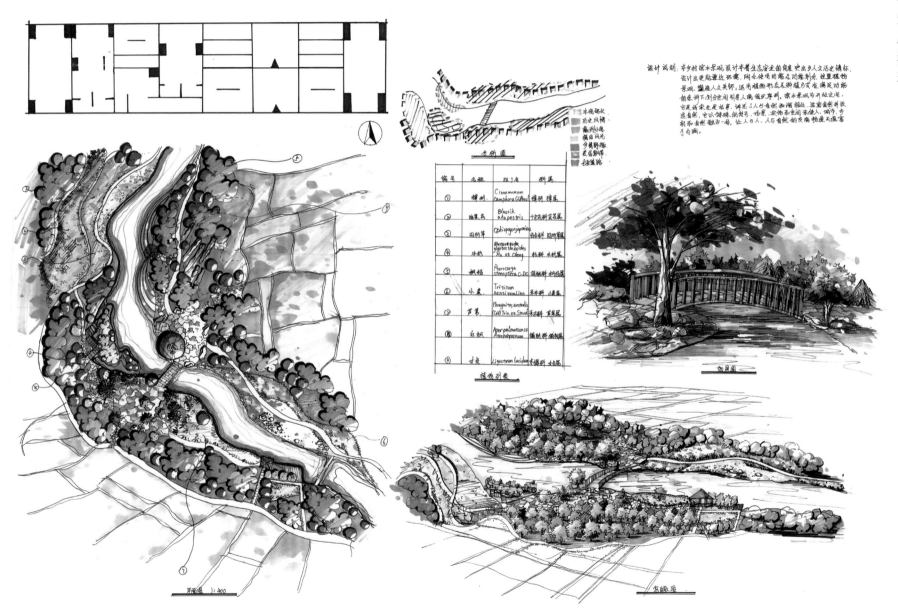

快题設計

総平面図 1:300

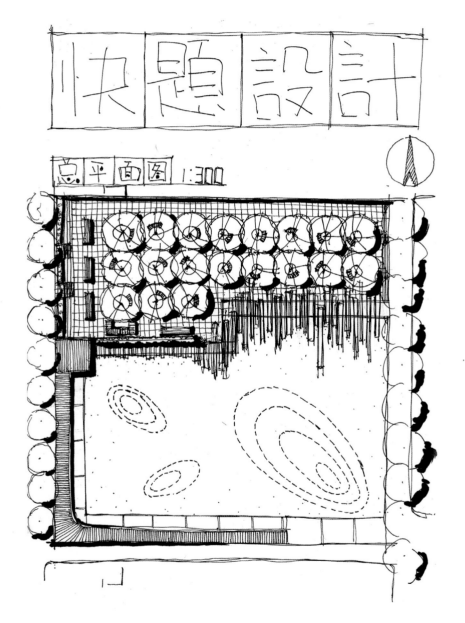

概念分析

和 → V.运动、融和 → 快节奏与慢节奏
城市 与 自然.

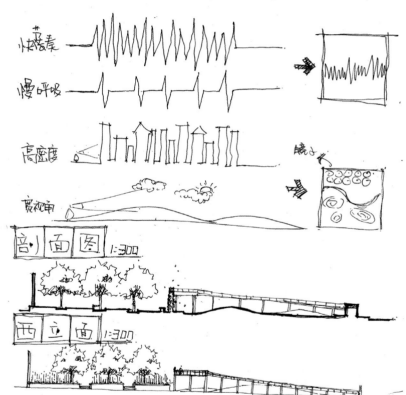

快节奏
慢呼吸
高密度
宽视角

剖面图 1:300

西立面 1:300

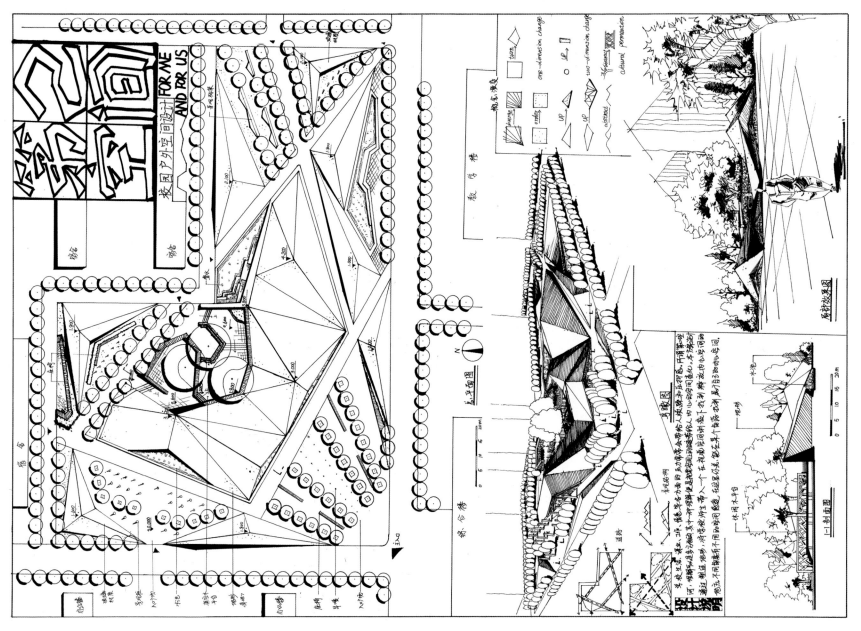

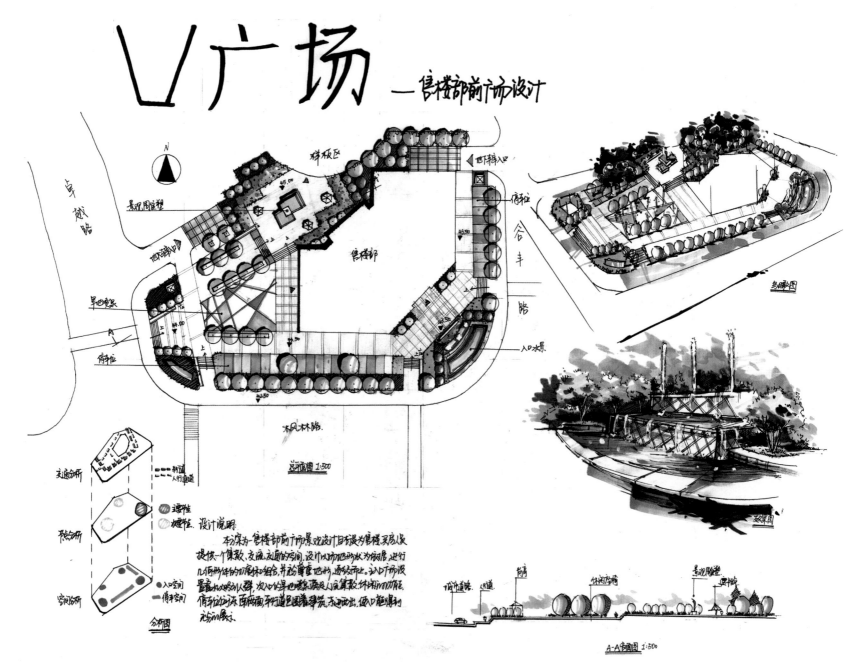

同心缘

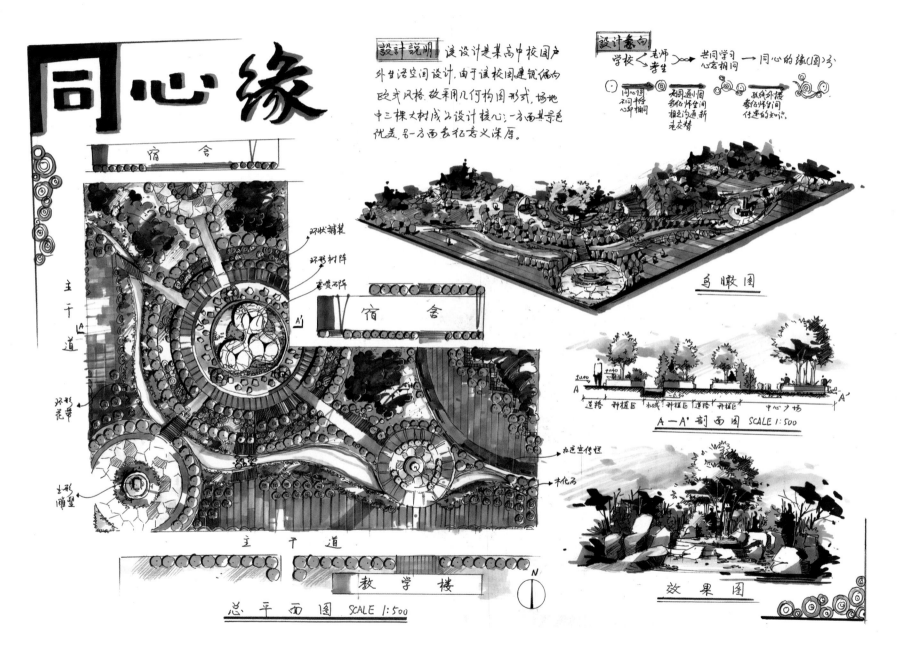

宿 舍

设计说明 该设计是某高中校园户外生活空间设计。由于该校园建筑偏向欧式风格，故采用几何构图形式。场地中三棵大树成为设计核心：一方面其景色优美，另一方面表扣意义深厚。

设计意向 学校〈老师 〈学生〉→ 共同学习 心志相同 → 同心的缘(圆)分

同心圆 不同半径 心志相同 不同通小圆 多化师生间 相之间通新 老交情 弧线外接 象征归来的 往还的知识

环状铺装
环形树阵
喷泉石阵

宿 舍

乌瞰图

主干道

A

A'

环形花草

展色宣传栏

木化石

土形雕塑

主 干 道

教学楼

总平面图 SCALE 1:500

N

A—A' 剖面图 SCALE 1:500
道路 种植区 水域 种植区 连路 种植区 中心广场

效果图

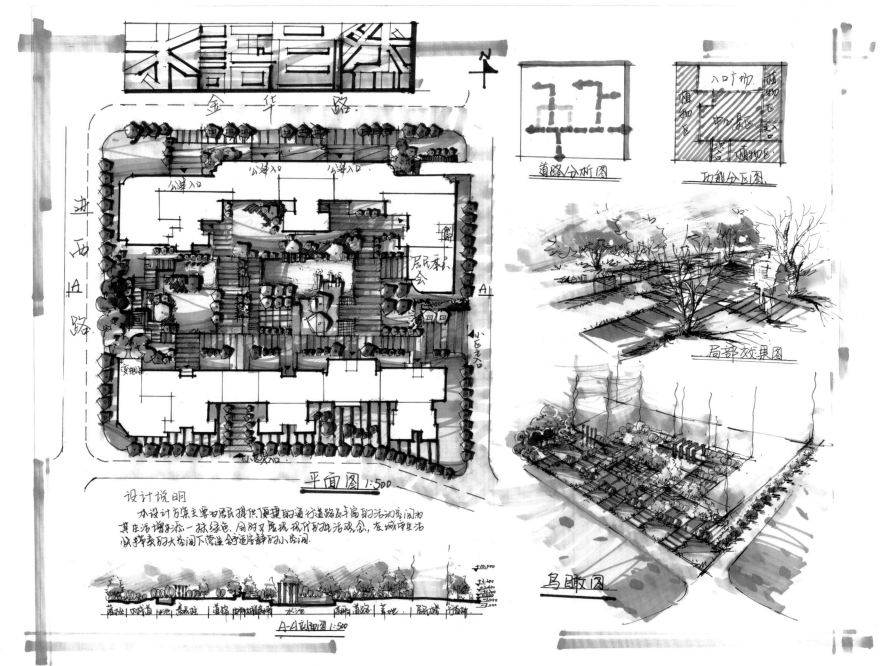

道路分析图

功能分区图

居民委会

平面图 1:500

设计说明
本设计方案主要为居民提供了便捷的通行道路及丰富的活动空间为
其生活增添一抹绿色.同时又是现代的生活观念,在城市生活
快节奏的大空间下营造舒适宁静的小空间.

A-A剖面图 1:500

局部效果图

鸟瞰图

晴天乐土

都市时尚
小区设计

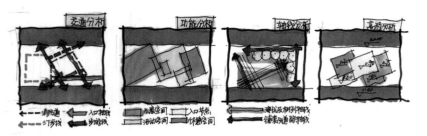

交通分析　功能分析　轴线分析　高潮分析

效果图

■设计说明

本设计为顺应小区欧陆式
建筑风格，统一采用轴线
式构图手法，局部采用造
景(入口节点)、隔景(中心广
场)等中国古典园林设计
手法，将曲、东分为静、动
两个大空间，并置运活动广
场、游戏沙坑等场地，并采
用广玉兰、栾树、铺地柏等乡
土树种进行植物配置。

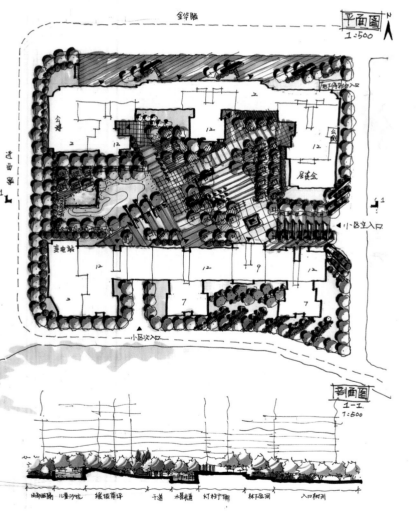

平面图
1:500

剖面图
1-1
1:500

鸟瞰图

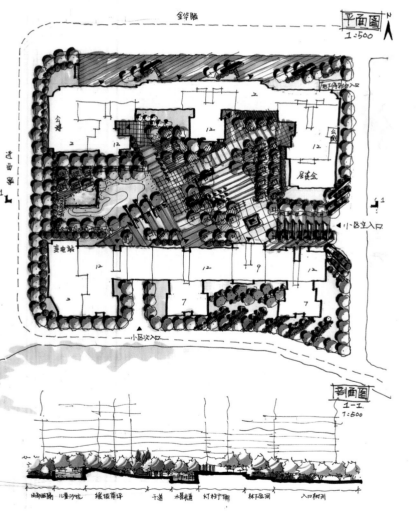

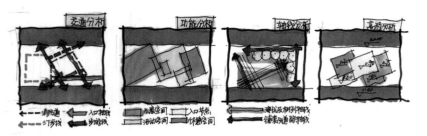

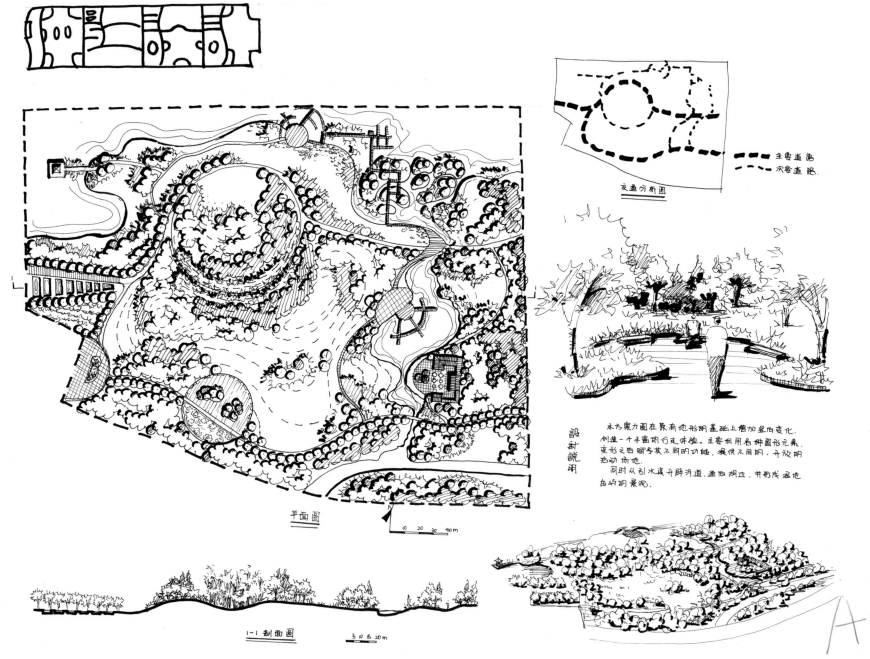

主要道路
次要道路

交通分析图

设计说明

平面图

10 20 30 40 m

1-1 剖面图

5 10 15 20 m

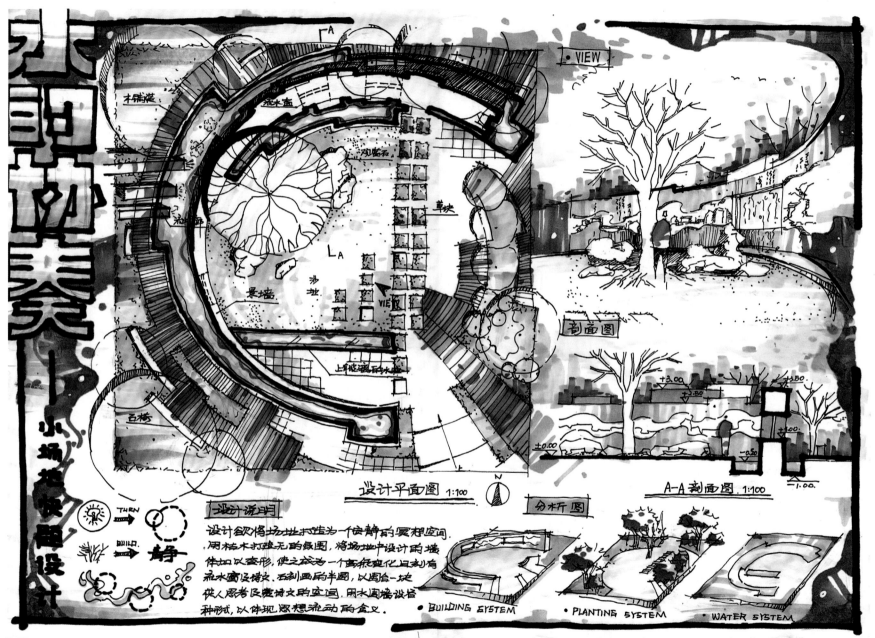

VIEW

木铺装

流水面

观景石

草块

流水带

景墙

沙地

VIEW

上有玻璃顶水幕

石桥

设计平面图 1:100 N

剖面图

A-A剖面图 1:100

+3.00
+2.80
+1.00
±0.00
-0.50
-1.00

分析图

TURN

BUILD

静

设计说明

设计欲将场地打造为一个安静的冥想空间。
用枯木打造无的氛围，将场地中设计的墙
体加以变形，使之成为一个画面变化且刻有
流水窗及诗文、石刻画的半圆，以围合一块
供人思考及读诗文的空间，用水围墙设谷
种形，以体现思想流动的含义。

· BUILDING SYSTEM   · PLANTING SYSTEM   · WATER SYSTEM

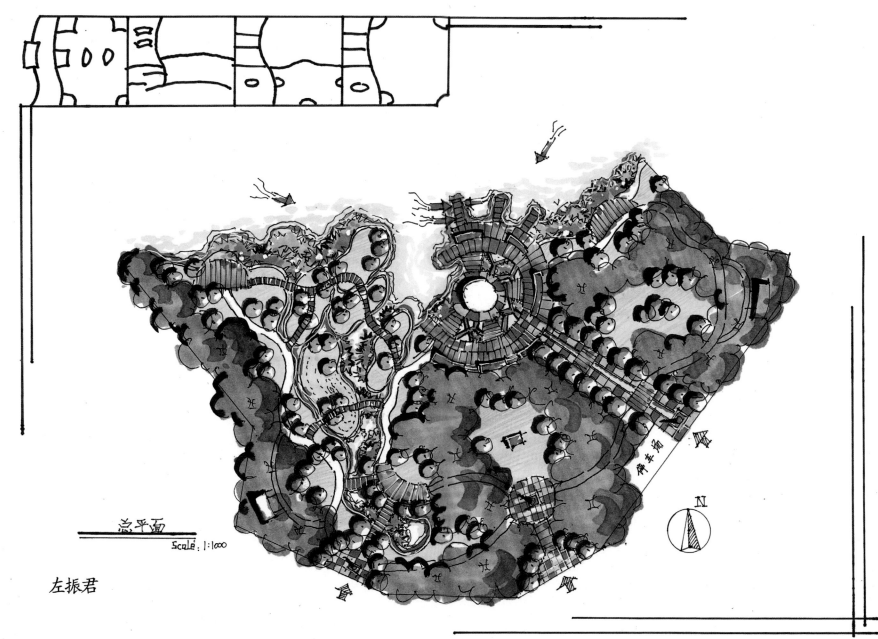

风景园林
快题解析

总平面
Scale: 1:1000

左振君

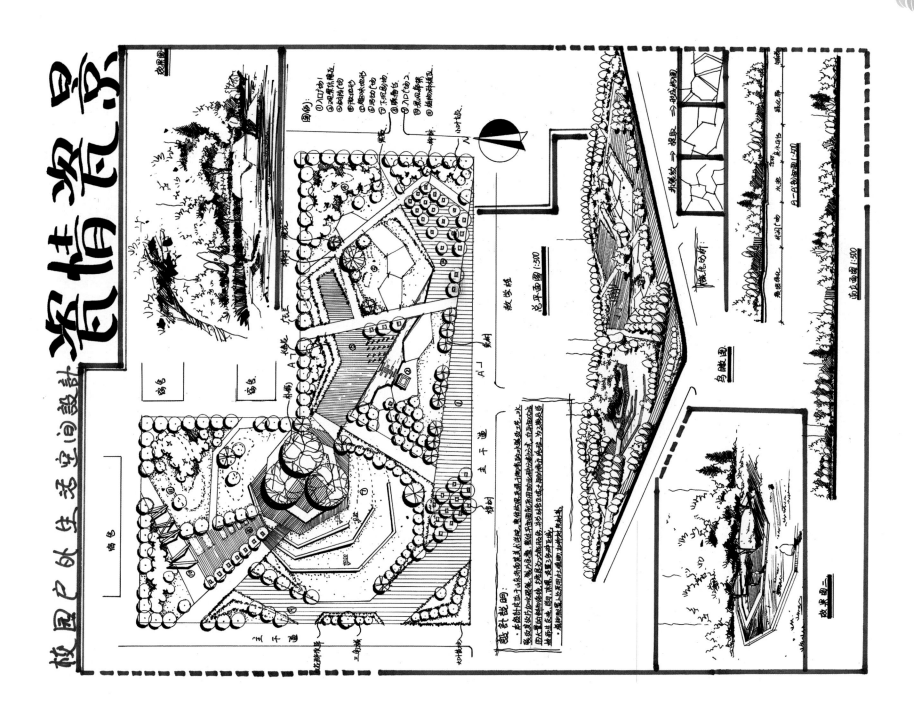

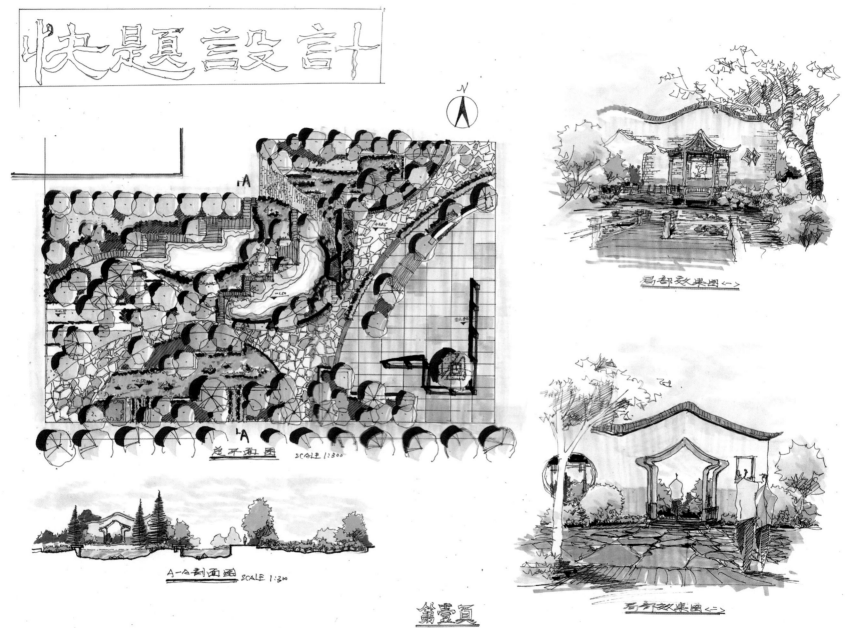

快题设计

总平面图　SCALE 1:300

A—A剖面图　SCALE 1:300

局部效果图（一）

局部效果图（二）

第壹页

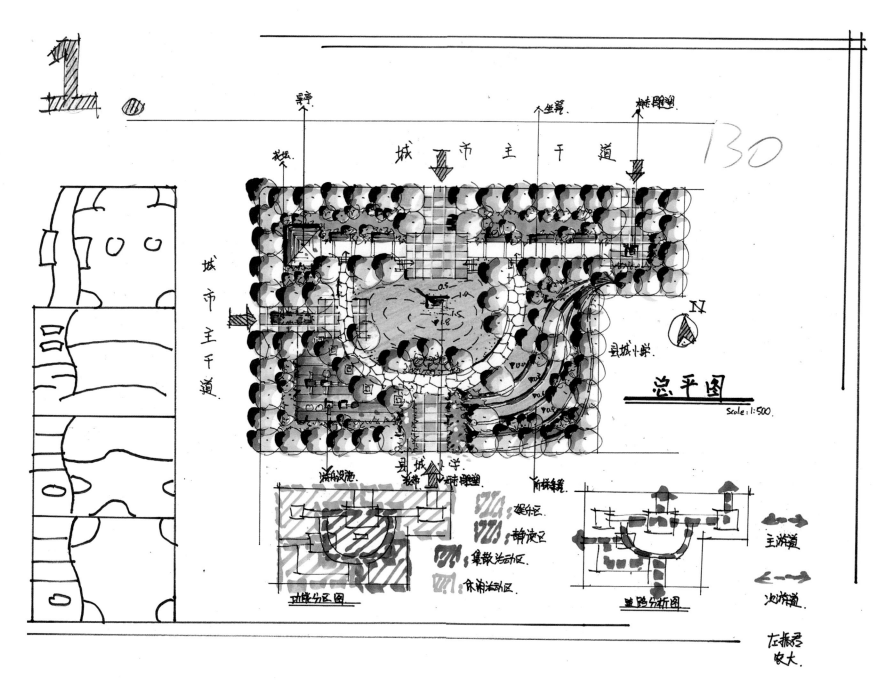

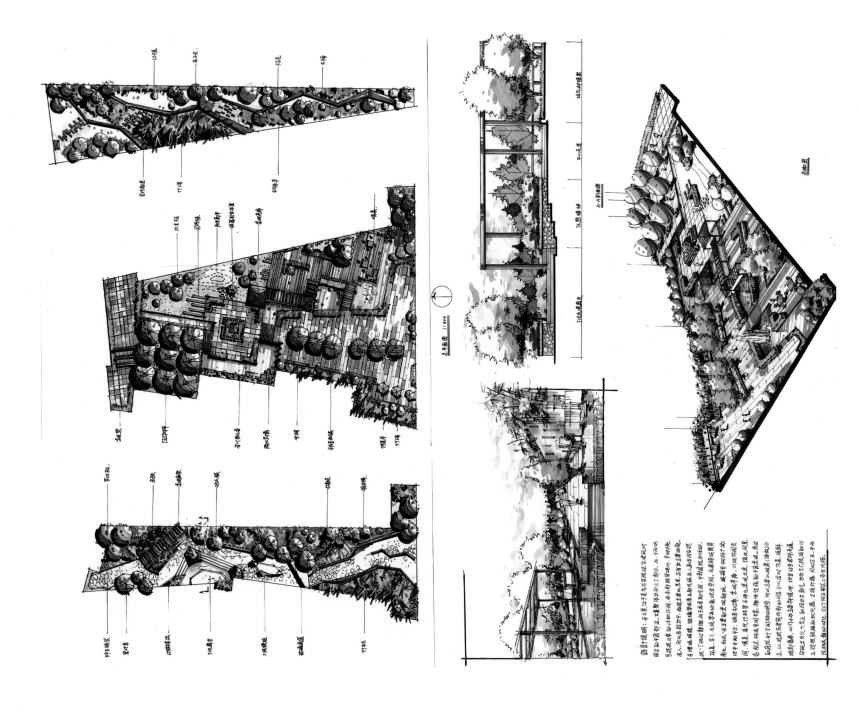

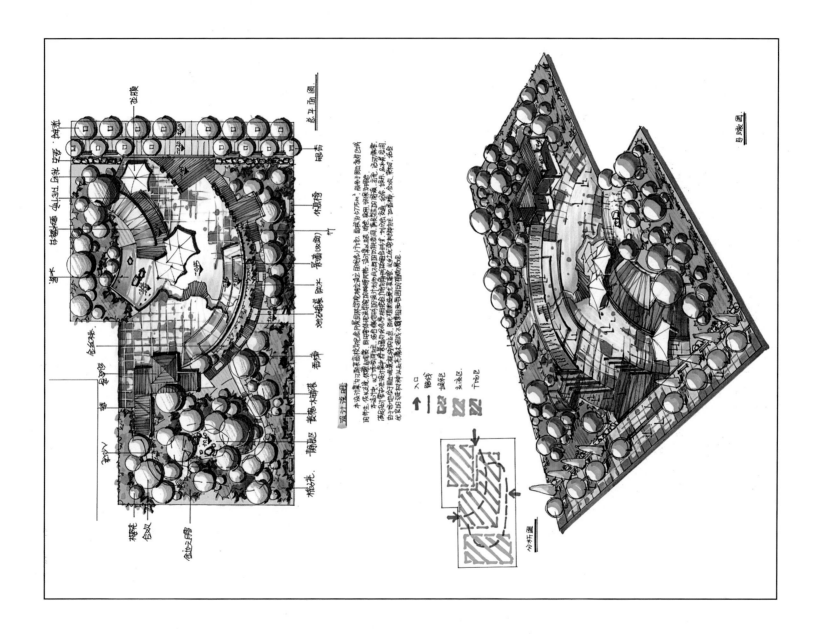

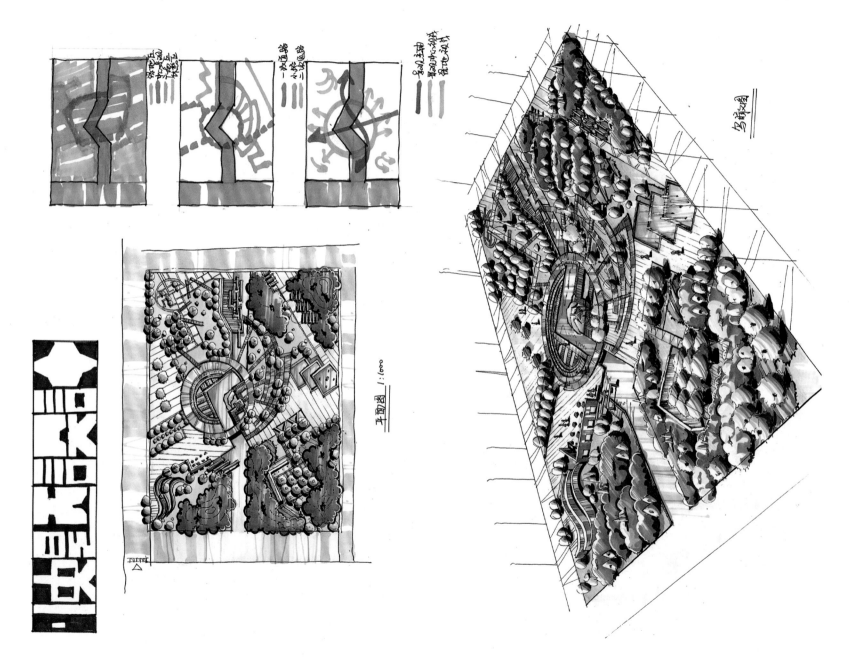

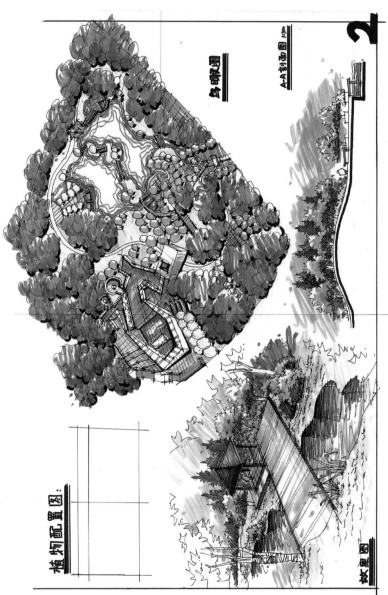

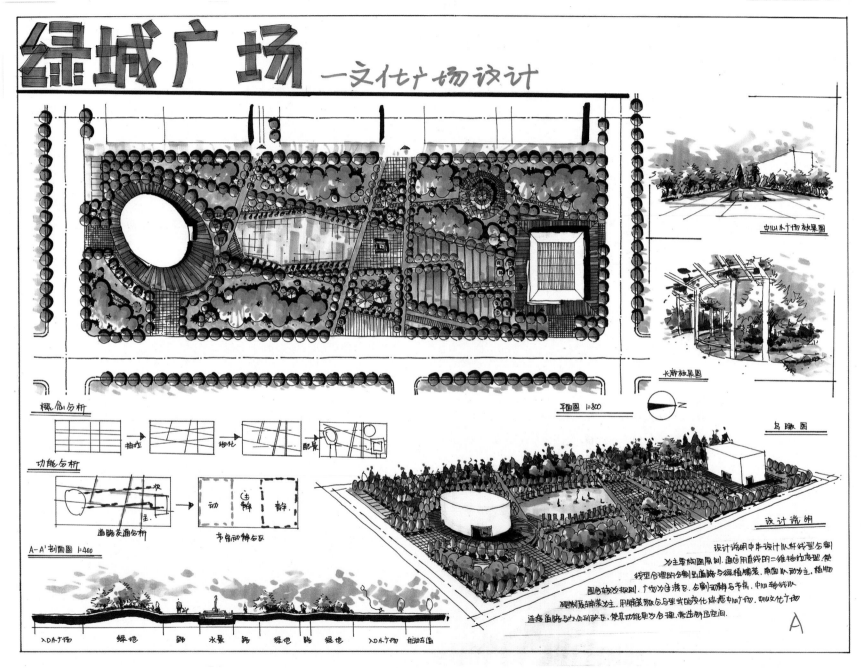

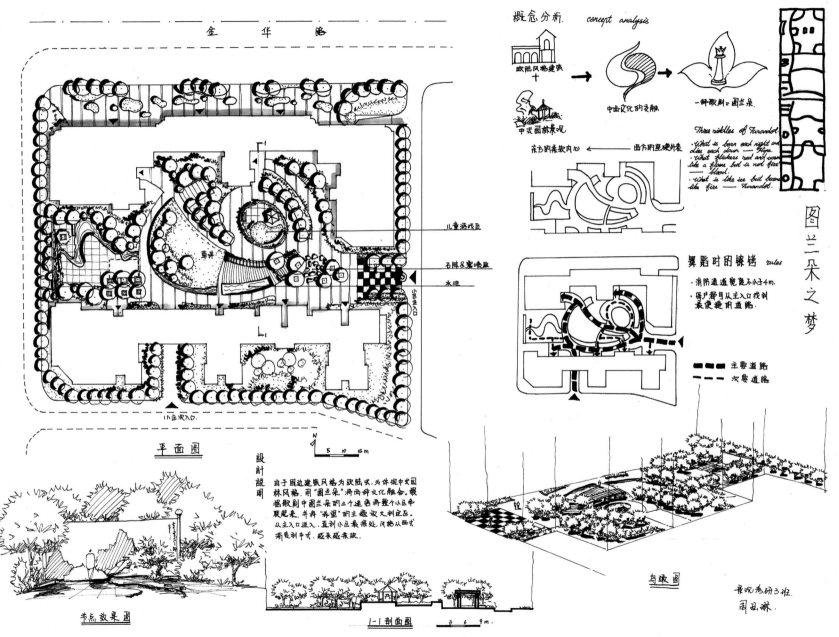

163

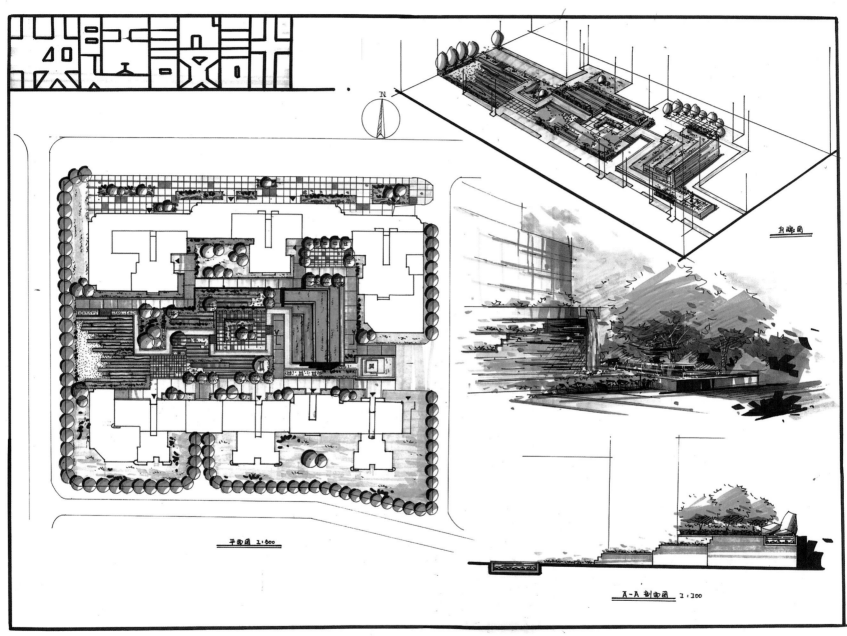

平面图 1:500

鸟瞰图

A-A 剖面图 1:100

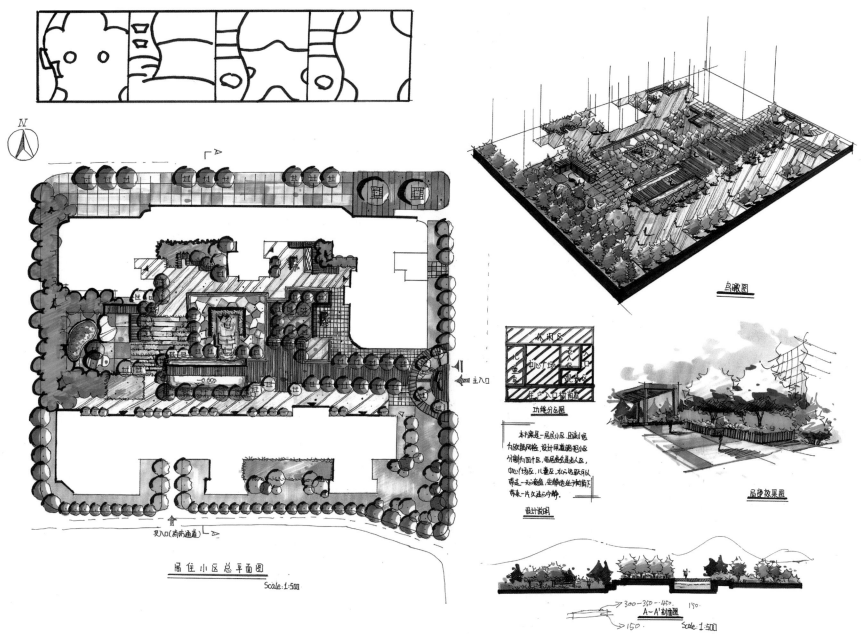

居住小区总平面图

Scale:1:500

功能分区图

本书案是一居民小区，且该小区为欧陆风格，设计用道路把小区分割为四个区，临居区多是老人区，中心广场区，儿童区，水上活动跃可以带走一天的疲惫，安静地丝予树间，带来一片女迷后宁静。

设计说明

鸟瞰图

局部效果图

A~A'剖面图   Scale:1:500

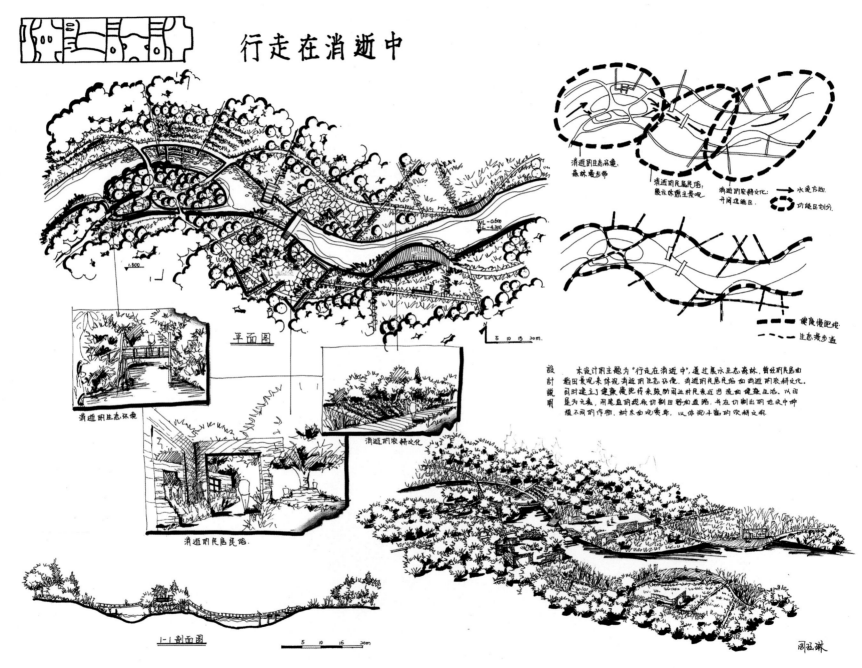

行走在消逝中

平面图

消逝间生态环境

消逝间农耕文化

消逝间民居民俗

1-1剖面图

消逝间生态环境，森林慢步带

消逝间居民民俗，展示体憩主景观

消逝间农耕文化，开阔道路区

水流方向

功能区划分

健康慢跑走

生态漫步道

设计说明　本设计的主题为"行走在消逝中"，通过展示生态森林，曾经的居民和稻田景观来体现消逝间生态环境，消逝间居民民俗和消逝间农耕文化。同时建立健康慢跑走来鼓励附近居民亲近回流而健康生活，以田垦为元素，用笔直的找来切割田垦和道路，并在切割出间地块中种植不同的作物，树木的观赏身，以体现土壤的农耕文明。

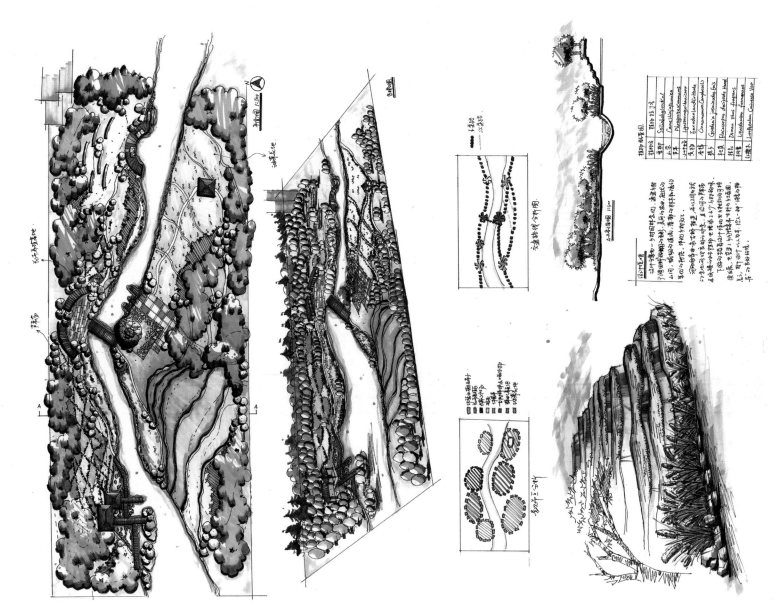

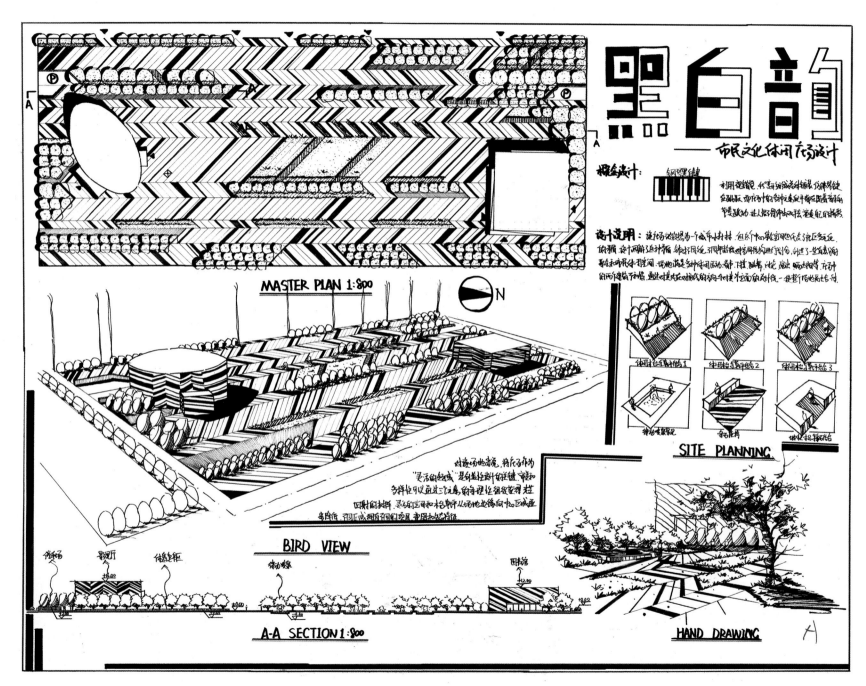

MASTER PLAN 1:800

黑白韵
——市民文化休闲广场设计

SITE PLANNING

BIRD VIEW

A-A SECTION 1:800

HAND DRAWING

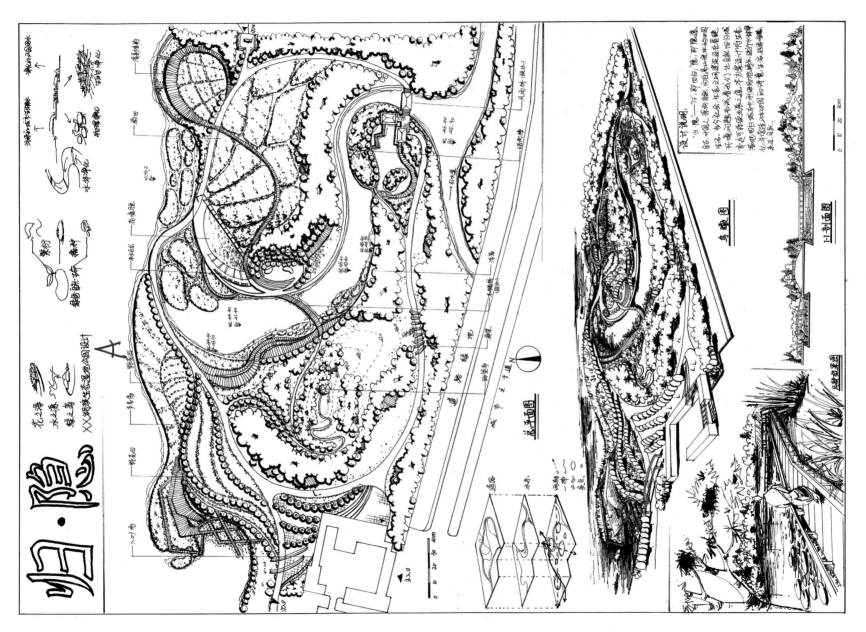

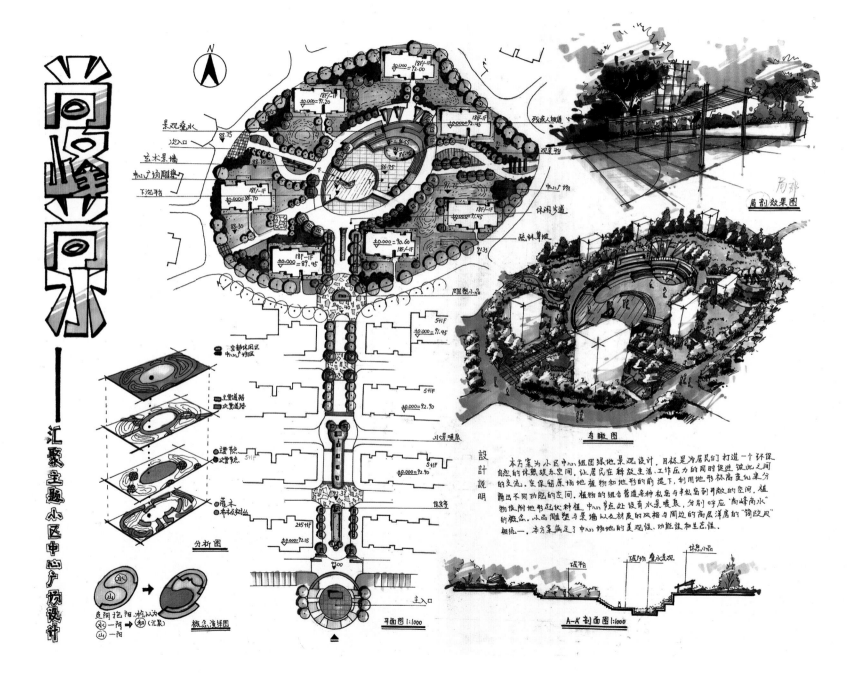

尚峰园林——汇聚主题 小区中心广场设计

设计说明

本方案为小区中心组团绿地景观设计。目标是为居民们打造一个环保自然的休憩娱乐空间，让居民在释放生活.工作压力的同时促进 彼此之间的交流。在保留原场地植物和地形的前提下，利用地形标高变化来分隔出不同功能的空间，植物的组合营造各种私密与半私密到可敞的空间，植物依附地形起伏种植，中心节点处设有水景喷泉，分别呼应"高峰商水"的概念。小品雕塑与景墙以及材质的风格与周边的高层洋房的"简欧风"相统一。本方案满足了中心场地的美观性、功能性和生态性。

居 住 区

景怡路

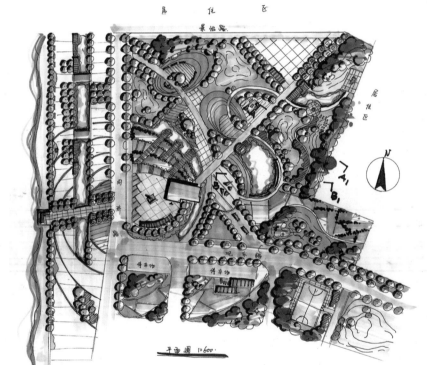

居住区

平面图 1:600

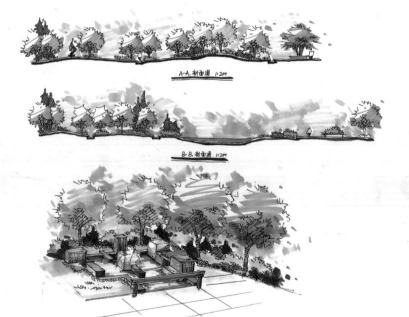

A-A剖面图 1:200

B-B剖面图 1:200

功能分区 ▬ 儿童游乐区 ▬ 景观节点 ▬ 主节点
▬ 滨江大道   ▬ 次节点
▬ 老年人活动区
▬ 集会活动区
▬ 活动广场

交通组织 ▬ 主步行廊
▬ 次步行廊

设计说明：

本场地位于某城市的滨江区域，文脉拓思使有足一个临展排列得各人有趣。

素锦

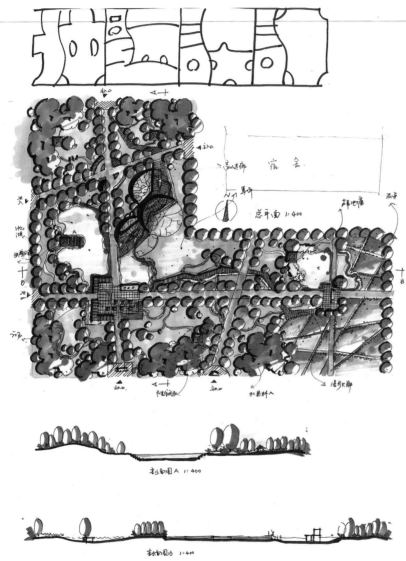

总平面 1:400

剖面图 A 1:400

剖面图 B 1:400

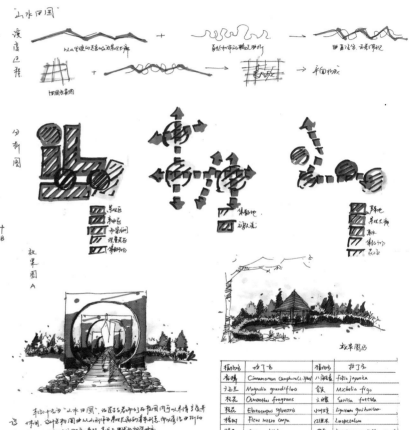

植物名	拉丁名	植物名	拉丁名
香樟	Cinnamomum camphora(L.)Presl	八角金盘	Fatsia japonica
广玉兰	Magnolia grandiflora	含笑	Michelia figo
桂花	Osmanthus fragrans	六月雪	Serissa foetida
杜英	Elaeocarpus sylvestris	小蜡	Ligustrum quihoui
榕树	Ficus micro carpa	红继木	Loropetalum
银杏	Ginkgo biloba	迎春	Jasminum nudiflorum Lindl
朴树	Celtis sinensis		
檫木树	Liquidambar chinensis		
乌桕	Chinese tallow		
紫薇	Lagerstroemia speciosa L.pers		
合欢	Albizia julibrissin Durazz		

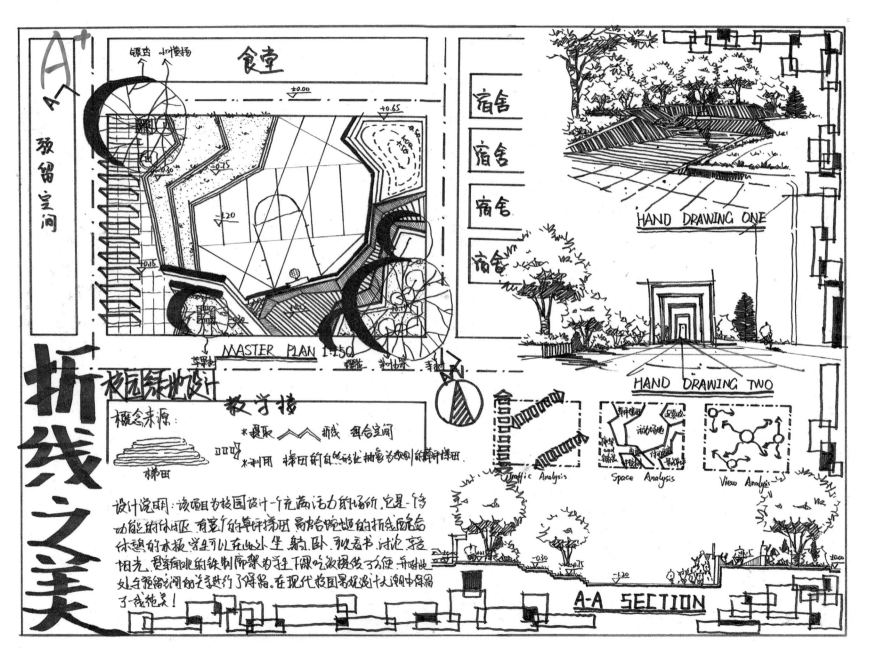

折线之美

食堂

MASTER PLAN 1:150

HAND DRAWING ONE

HAND DRAWING TWO

A-A SECTION

Traffic Analysis

Space Analysis

View Analysis

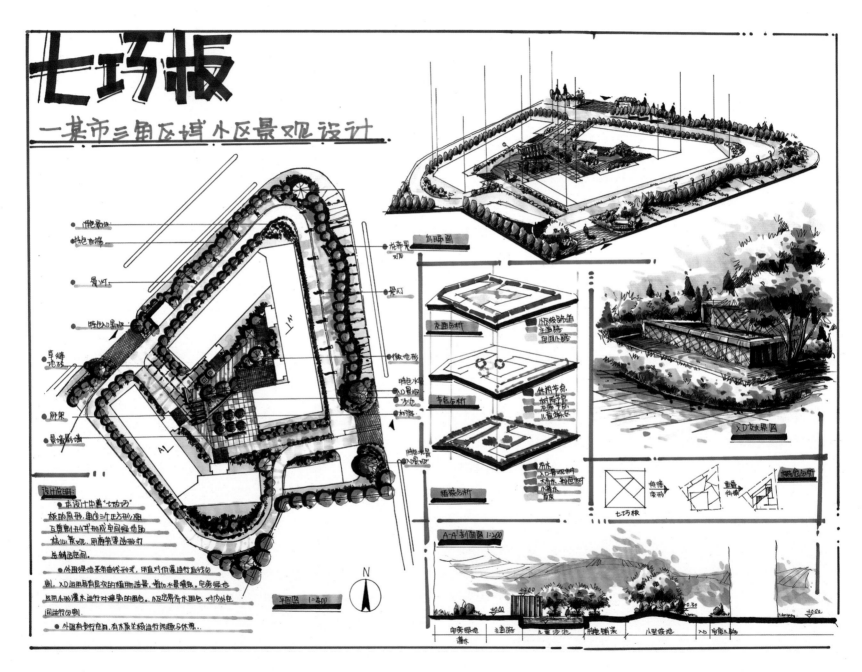

尚峰尚水·居住区景观设计

休闲草坡
次入口
亲水游

91.00
89.00

叠水景观

景观廊架
特色花境
下沉广场硬质铺地等

景观小品

90.00
90.00
91.00
91.00

90.00
90.00
91.00

90.00

●**设计说明:**
　本方案为居住区景观设计,以汇聚为主题,太极为中心概念,导线右轴域中的弯曲花带寓意流水物欢,种四方向中心汇聚之愿,设计沿边景意道路,中心下沉广场强调人的停留与性,功能多样,兼具跳广场舞,休闲茶水,露天景院,休息健身的功能,利用雕水景等形成处理高差,使空间更加丰富。植物采用抗旱的当地品种,如香樟,银杏,竹子等,为人们营造一个舒适的生活,活动空间。

●**概念分析:**
阴阳汇聚

●**设计分析:**

交通 ─── 主要道路/次要道路

节点 ○ 主要节点/次要节点

视线 ○ 视线(最佳)

●**鸟瞰图**

●**效果图**

放入口大道 | **水广场** | **大广场** | **看台广场** | **廊架**

A-A 剖面图 1:1000

水景喷泉
主入口

剖面图 1:1000

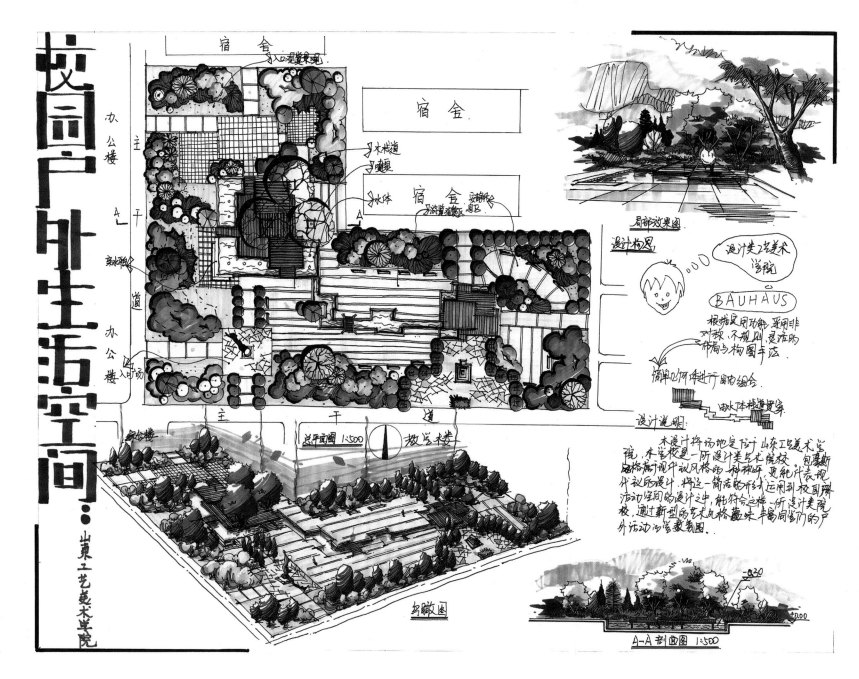

校园户外生活空间：山东工艺美术学院

宿舍

宿舍

宿舍

办公楼 A 主干道 办公楼 办公楼入口广场

总平面图 1:500 教学楼

鸟瞰图

A-A 剖面图 1:500

局部效果图

设计构思

设计美工艺美术学院

BAUHAUS

根据其使用功能，采用非对称、不规则、灵活的布局与构图手法。

简单几何体进行自由的组合。

由水体栈道贯穿。

设计说明

本设计将场地定位于山东工艺美术学院，本案校园一所设计类艺术院校，包豪斯风格属现代设计风格的一种称呼，更能设计表现代设计师设计，将这一简洁的形式运用到校园外活动空间的设计之中，能符合这样一所设计美院，通过新型的艺术风格趣味丰富同学们的户外活动的教氛围。

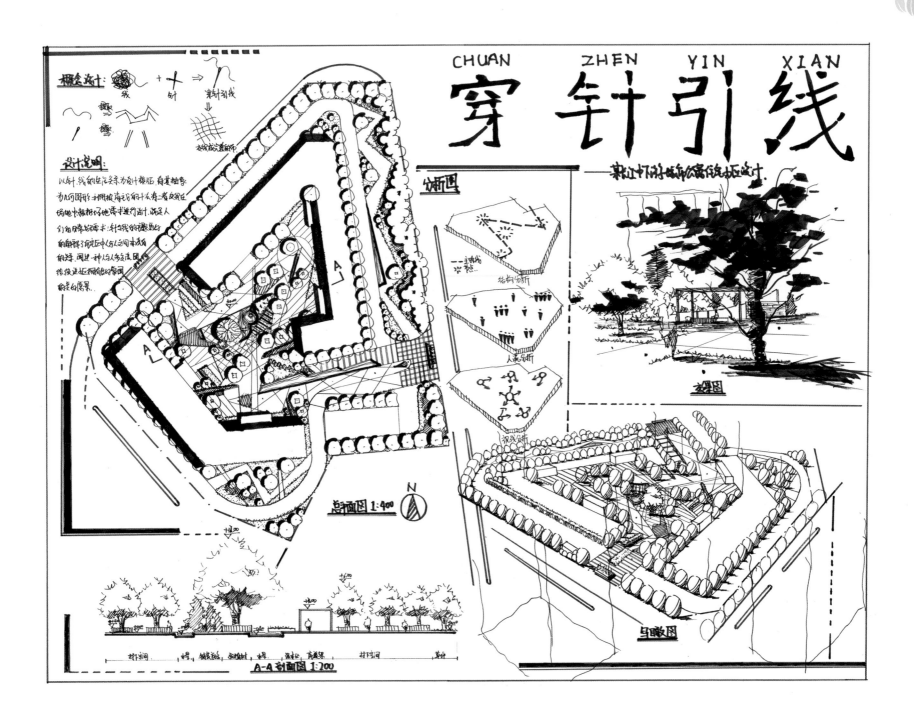

CHUAN ZHEN YIN XIAN

穿针引线

附录

景观英文名称

Bird view 鸟瞰
Grass square 草坪
Pool 水池
Cover 封面
Content 目录
Design Explanation 设计说明
Master Plan 总平面
Space Sequence Analysis 景观空间分析
Function Analysis 功能分析
Landscape Theme Analysis 景观景点主题分析图
Traffic Analysis 交通分析
Vertical Plan 竖向平面布置图
Lighting Furniture Layout 灯光平面布置示意图
Marker/Background Music/Garbage Bin 标识牌/背景音乐/垃圾桶布置图
Plan 平面图
Hand Drawing 手绘效果图
Section 剖面图
Detail 详图
Central Axis 中心公共主轴
Reference Picture 参考图片
Planting Reference Picture 植物选样

材料类:

aluminum 铝
asphalt 沥青
alpine rock 轻质岗石
boasted ashlars 粗凿
ceramic 陶瓷、陶瓷制品
cobble 小圆石、小鹅卵石
clay 黏土
crushed gravel 碎砾石
crushed stone concrete 碎石混凝土
crushed stone 碎石
cement 石灰
enamel 陶瓷、瓷釉
frosted glass 磨砂玻璃
grit stone/sand stone 砂岩
glazed colored glass/colored glazed glass 彩釉玻璃
granite 花岗石、花岗岩
gravel 卵石
galleting 碎石片
ground pavement material 墙面地砖材料
light-gauge steel section/hollow steel section 薄壁型钢
light slates 轻质板岩
lime earth 灰土
masonry 砝石结构
membrane 张拉膜、膜结构
membrane waterproofing 薄膜防水
mosaic 马赛克
quarry stone masonry/quarrystone bond 粗石体
plaster 灰浆
polished plate glass/polished plate 磨光平板玻璃
panel 面板、嵌板
rusticated ashlars 粗琢方石
rough rubble 粗毛石
reinforcement 钢筋

设施设备类:

accessory channel 辅助通道
atrium 门廊
aisle 走道、过道
avenue 道路
access 通道、入口
art wall 艺术墙
academy 科学院
art gallery 画廊
arch 拱顶
archway 拱门
arcade 拱廊、有拱廊的街道
axes 轴线
air condition 空调
aqueduct 沟渠、导水管
alleyway 小巷

billiard table 台球台

bed 地基

bedding cushion 垫层

balustrade/railing 栏杆

byland/peninsula 半岛

bench 座椅

balcony 阳台

bar-stool 酒吧高脚凳

beam 梁

plate beam 板梁

bearing wall 承重墙

retaining wall 挡土墙

basement parking 地下车库

berm 小平台

block 楼房

broken-marble patterned flooring 碎拼大理石地面

broken stone hardcore 碎石垫层

curtain wall 幕墙

cascade 小瀑布、叠水

corridor 走廊

couryard 内院、院子

canopy 张拉膜、天篷、遮篷

coast 海岸

children playground 儿童活动区

court 法院

calculator 计算器

clipboard 纤维板

cantilever 悬臂梁

ceiling 天花板

carpark 停车场

carpet 地毯

cafeteria 自助餐厅

clearage 开垦地、荒地

cavern 大洞穴

dry fountain 旱喷泉

driveway 车道

vehicular road 机动车道

depot 仓库、车场

dry fountain for children 儿童戏水广场

dome 圆顶

drain 排水沟

drainage 下水道

drainage system 排水系统

discharge lamp 放电管

entrance plaza 入口广场

elevator/lift 电梯

escalator 自动扶梯

flat roof/roof garden 平台

fence wall 围墙、围栏

fountain 喷泉

fountain and irrigation system 喷泉系统

footbridge 人行天桥

fire truck 消防车

furniture 家具、设备

firepot/chafing dish 火锅

gutter 明沟

ditch 暗沟

gully 峡谷、冲沟

valley 山谷

garage 车库

foyer 门厅、休息室

hall 门厅

lobby 门厅、休息室

industry zone 工业区

island 岛

inn 小旅馆

jet 喷头

kindergarten 幼儿园

kiosk 小亭子（报刊、小卖部）

lamps and lanterns 灯具

lighting furniture 照明设置

mezzanine 包厢

main stadium 主体育场

outdoor terrace 室外平台

oil painting 油画

outdoor steps/exterior steps 室外台阶

pillar/pole/column 柱、栋梁

pebble/plinth 柱基

pond/pool 池、池塘

pavilion 亭、阁

pipe/tube 管子

plumbing 管道

port 港口

pillow 枕头

pavement 硬地铺装

path of gravel 卵石路

public plaza 公共休闲广场

communal plaza 公共广场

pedestrian street 步行街

printer 打印机

resting plaza 休闲广场区

rooftop/housetop 屋顶

pile 桩

piling 打桩

pump 泵

ramp 斜坡道、残疾人坡道

riverway 河道

sunbraking element 遮阳构件

sanitation 卫生设施

skylight 天窗

skyline 地平线

scanner 扫描仪

shore 岸、海滨

sash 窗框

slab 楼板、地下室顶板

stairhall 楼梯厅

staircase 楼梯间

secondary structure/minor structure 次要结构

secondary building/accessory building 次要建筑

street furniture 小品（椅凳标志）

solarium 日光浴室

terrace 平台

chip/fragment/sliver/splinter 碎片

safety belt/safety strap/life belt 安全带

safety passageway 安全通道

shelf/stand 架子

sunshade 天棚

small mountain stream 山塘小溪

subway 地铁

safety glass 安全玻璃

streetscape 街景画

sinking down plaza 下沉广场

sidewalk 人行道

footpath 步行道

设计阶段：

existing condition analysis 现状分析

analyses of existings 城市现状分析

construction site service 施工现场服务

conceptual design 概念设计

circulation analysis 交通体系分析

construction drawing 施工图

complete level 完成面标高

details 细部设计、细部大样示意图

diagram 示意图、表

elevation 上升、高地、海拔、正面图

development design 扩初设计

fa 镐

de/elevation 正面、立面

general development analysis 城市总体发展分析

general situation survey 概况

general layout plan/master plan 总平面

general nature environment 总体自然分析

grid and landmark analysis 城市网格系统及地标性建筑物分析

general urban and landscape concept 总体城市及景观设计概念

general level design 总平面竖向设计

general section 总体剖面图

layout plan 布置图

legend 图例

lighting plan 灯光布置图

plan drawing 平面图

plot plan 基地图

presentation drawing 示意图

perspective/render 效果图

pavement plan 铺装示意图

reference pictures/imaged picture 参考图片

reference level 参考标高图片

site overall arrangement 场地布局

space sequence relation 空间序列

specification 指定、指明、详细说明书

scheme design 方案设计

sketch 手绘草图

sectorization 功能分区

section 剖面

site planning 场地设计

reference picture of planting 植物配置意向图

reference picture of street furniture 街道家具布置意向图

设计描述：

a thick green area 密集绿化

administration/administrative 行政

administration zone 行政区位

function analysis 功能分析

arc/camber 弧形

askew 歪的、斜的

aesthetics 美学

height 高度

abstract art 抽象派
artist 艺术家、大师
art nouveau 新艺术主义
acre 英亩
architect 建筑师

be integrated with 与……结合起来
bisect 切成两份、对开
bend 弯曲
boundary/border 边界
operfloor 架空层

budget 预算
estimate 评估
beach 海滩
building code 建筑规范

→ 常见植物拉丁名

银杏 Ginkgo biloba
雪松 Cedrus deodora
金钱松 Pseudolarix amabilis
冷杉 Abies fabri
银杉 Cathaya argyrophylla
云杉 Picea asperata
白皮松 Pinus bungeana
马尾松 Pinus massoniana
杉木 Cunninghamia lanceolata
柳杉 Cryptomeria fortunei
落羽杉 Taxodium distichum
水杉 Metasequoia glyptostroboides
柏木 Cupressus funebris
侧柏 Platycladus orientalis
圆柏 Sabina chinensis
刺柏 Juniperus formosana
罗汉松 Podocarpus macrophyllus
三尖杉 Cephalotaxus fortunei
红豆杉 Taxus wallichiana

香榧（榧树）Torreya grandis
广玉兰 Magnolia grandiflora
紫玉兰 Magnolia liliflora
白玉兰 Magnolia denudata
含笑 Michelia figo
马褂木 Liriodend
马褂木 Liriodendron chinense
香樟 Cinnamomum camphora
浙江楠 Phoebe chekiangensis
山胡椒 Lindera glauca
梅花 Armeniaca mume
日本樱花 Cerasus yedoensis
桃 Amygdalus persica
苹果 Malus pumila
梨 Pyrus pyrifolia
紫荆 Cercis chinensis
合欢 Albizia julibrissin
紫藤 Wisteria sinensis
国槐 Sophora japonica

枫香 Liquidambar formosana
檵木 Loropetalum chinense
青冈栎 Cyclobalanopsis glauca
麻栎 Quercus acutissima
枫杨 Pterocarya stenoptera
青钱柳 Cyclocarya paliurus
核桃 Juglans regia
榆树 Ulmus pumila
榉树 Zelkova schneideriana
桑 Morus alba
南酸枣 Choerospondias axillaris
桂花 Osmanthus fragrans
黄连木 Pistacia chinensis
灯台树 Cornus controversa
卫矛 Euonymus alatus
苦楝 Melia azedarach
无患子 Sapindus mukorossi
毛竹 Phyllostachys edulis
孝顺竹 Bambusa glaucescens

中国效率最高的手绘培训机构　建筑·景观·室内·规划